工程量清单计价与实务

主　编　史　迪　李风海
参　编　宋美佳
主　审　邵建成

北京理工大学出版社
BEIJING INSTITUTE OF TECHNOLOGY PRESS

内 容 提 要

本书按造价员岗位工程设计整体框架，采用了“项目导向、任务驱动、教学做一体化”设计，在阐述基本理论的同时，以实际工程项目为主线，注重突出工程量清单计价编制方法的实际应用以及工程造价执业能力的培养。全书主要内容包括工程量清单编制与计价，建筑工程分部分项工程量清单编制与计价，装饰工程分部分项工程量清单编制与计价，措施项目清单编制与计价，其他项目清单编制与计价，规费、税金项目清单编制与计价等。

本书深入浅出，实用性强，配有图文详解、微课视频，并配套开发了信息化教学资源，内容融入行业企业新标准、新技术，注重学习者职业素养的养成，可作为高等职业院校工程造价及其他相关专业的教材，也可作为工程造价人员的参考用书和培训教材。

版权专有　侵权必究

图书在版编目（CIP）数据

工程量清单计价与实务 / 史迪，李风海主编 .-- 北京：北京理工大学出版社，2021.9

ISBN 978-7-5763-0372-8

Ⅰ .①工…　Ⅱ .①史…　②李…　Ⅲ .①建筑工程—工程造价—教材　Ⅳ .① TU723.3

中国版本图书馆 CIP 数据核字（2021）第 188900 号

出版发行 / 北京理工大学出版社有限责任公司
社　　址 / 北京市海淀区中关村南大街 5 号
邮　　编 / 100081
电　　话 / （010）68914775（总编室）
（010）82562903（教材售后服务热线）
（010）68944723（其他图书服务热线）
网　　址 / http：//www.bitpress.com.cn
经　　销 / 全国各地新华书店
印　　刷 / 河北鑫彩博图印刷有限公司
开　　本 / 787 毫米 ×1092 毫米　1/16
印　　张 / 13.5
字　　数 / 278 千字
版　　次 / 2021 年 9 月第 1 版　2021 年 9 月第 1 次印刷
定　　价 / 58.00 元

责任编辑 / 钟　博
文案编辑 / 钟　博
责任校对 / 周瑞红
责任印制 / 边心超

图书出现印装质量问题，请拨打售后服务热线，本社负责调换

FOREWORD 前言

本书根据高等院校工程造价专业的培养目标，基于“工作过程”选取教材内容、以教师主导、学生为主体等教改精神，结合目前教学的实际情况编写。编者充分总结了以往的教学与实践经验，依照造价员岗位能力的要求，在培养学生职业能力和职业道德的同时，注重对方法能力和社会能力的培养。本书配有图文详解、微课视频，并配套开发了信息化教学资源，学习者可通过手机扫描二维码，进入课程网站进行深入学习。

在内容安排上，本书以实际工程项目为主线，以真实的工作任务（某工程的工程量清单编制与计价）为载体，进行学习项目及任务的设计，同时兼顾其他类型工程项目，在教学内容编排上保证工作过程的完整性，学生在完成工作任务，形成真实工作成果的过程中培养了各种能力。本书基于工作过程设计了六个教学项目。项目 1，工程量清单编制与计价，以理论知识为主，结合工程案例，呈现工程量清单编制与计价整体思路，介绍工程量清单计价所需的必要理论知识。项目 2，建筑工程分部分项工程量清单编制与计价，以工作任务为中心整合理论与实践，以完成建筑工程造价工作任务的真实工作过程安排教学及训练，将“教、学、做”融为一体，讲解建筑工程工程量清单编制与报价的理论和技能。项目 3，装饰工程分部分项工程量清单编制与计价，围绕装饰装修工程造价工作任务完成的需要进行内容编排，同时又充分考虑了高等教育对理论知识学习的需要，以实践技能训练任务带动理论知识，实现理论与实践的一体化。项目 4，措施项目清单编制与计价，结合实际工程项目讲述措施项目清单的编制与计价。项目 5，其他项目清单编制与计价。项目 6，规费、税金项目清单编制与计价。本书始终围绕实际工程项目展示在工程实际中如何编制清单与计价，让学习者通过完成具体工作任务实现技能的提高和相关知识的构建。另外，本书融入了行业企业标准，吸收了技术规范、规程应用的内容，将国家规范、定额融入教材；附录为某工程图纸。

本书由威海职业学院史迪、李风海担任主编，威海职业学院宋美佳参与部分章节的编写。荣成好运角实业有限公司邵建成对本书进行了审阅。附录中的图纸由广联达科技股份有限公司提供。在此一并表示感谢！在本书编写过程中，编者查阅了大量的优秀教材、工具书及计价规范，吸取了它们的精华，在此向原作者表示衷心的感谢！另外，对本书和课改提出意见和建议的同行、学生表示衷心的感谢！特别感谢青岛理工大学邵琳岚、威海职业学院高焕超对本书提供的技术支持！

由于编者水平有限，且课改仍处于探索阶段，书中难免存在错误和不妥之处，恳请读者批评指正。

编　者

CONTENTS 目录

项目 1 工程量清单编制与计价 …… 1

任务 1.1 工程量清单编制 …… 2

任务 1.2 工程量清单计价 …… 21

项目 2 建筑工程分部分项工程量清单编制与计价 …… 38

任务 2.1 土（石）方工程计量与计价 …… 39

任务 2.2 地基处理与边坡支护工程计量与计价 …… 54

任务 2.3 桩基工程计量与计价 …… 64

任务 2.4 砌筑工程计量与计价 …… 71

任务 2.5 混凝土及钢筋混凝土工程计量与计价 …… 82

任务 2.6 金属结构工程计量与计价 …… 93

任务 2.7 木结构工程计量与计价 …… 101

任务 2.8 门窗工程计量与计价 …… 107

任务 2.9 屋面及防水工程计量与计价 …… 115

任务 2.10 保温、隔热、防腐工程计量与计价 …… 124

项目 3 装饰工程分部分项工程量清单编制与计价 …… 133

任务 3.1 楼地面工程计量与计价 …… 134

任务 3.2 墙、柱面工程计量与计价 …… 145

任务 3.3 天棚工程计量与计价 …… 151

任务 3.4 油漆、涂料、裱糊工程计量与计价 …… 159

任务 3.5 其他工程计量与计价 …… 167

项目 4 措施项目清单编制与计价 …… 179

任务 4.1 措施项目清单编制 …… 180

任务 4.2 措施项目计价 …… 185

CONTENTS

项目 5 其他项目清单编制与计价 …… 189
任务 5.1 其他项目清单编制 …… 190
任务 5.2 其他项目清单计价 …… 197

项目 6 规费、税金项目清单编制与计价 …… 202
任务 6.1 规费、税金项目清单编制 …… 202
任务 6.2 规费、税金项目清单计价 …… 205

附录 1号办公楼工程施工图纸 …… 209

参考文献 …… 210

项目1　工程量清单编制与计价

项目导读

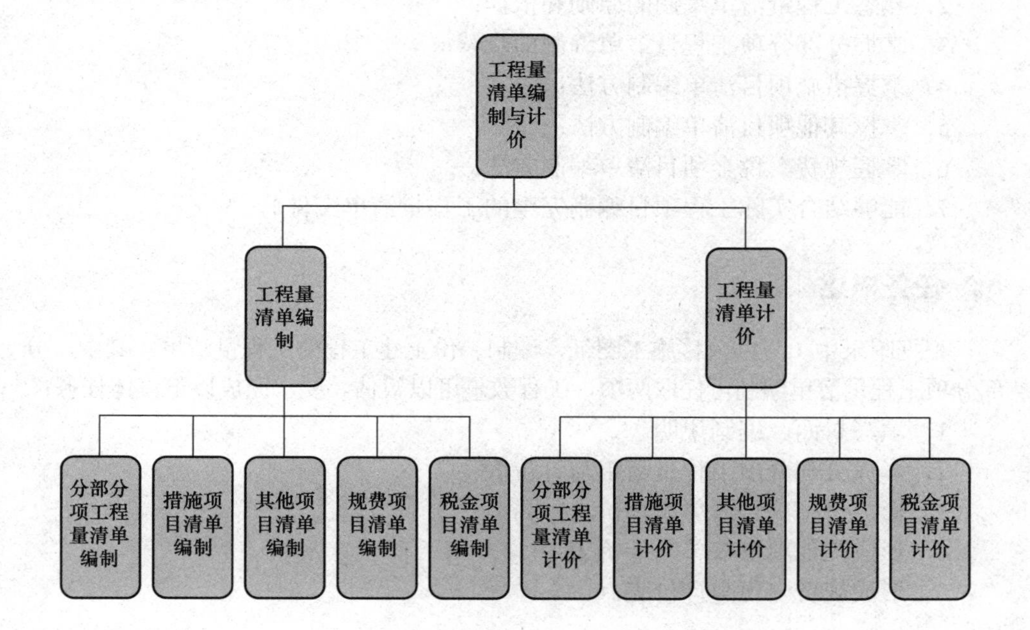

笔记

项目目标

	知识目标	能力目标
项目目标	1．了解工程量清单的概念； 2．熟悉工程量清单编制原则和依据； 3．掌握分部分项工程量清单编制步骤； 4．掌握措施项目清单编制方法； 5．掌握其他项目清单编制方法； 6．掌握规费、税金项目清单编制方法； 7．掌握综合单价的确定方法； 8．掌握分部分项工程费的确定方法； 9．熟悉措施项目费的确定方法； 10．熟悉其他项目费的确定方法； 11．熟悉规费、税金的确定方法； 12．掌握工程量清单报价的编制流程	1．能够结合实际工程项目编制完整的工程量清单文件； 2．能够正确计算实际工程项目的分部分项工程费； 3．能够编制实际工程项目报价文件； 4．能够自觉遵守法律、法规及技术标准规定； 5．能够和同学及教学人员建立良好的合作关系； 6．具有严谨的工作作风、自主学习的良好习惯

任务 1.1　工程量清单编制

任务目标

1．了解工程量清单的概念；
2．熟悉工程量清单编制的原则和依据；
3．掌握分部分项工程量清单编制的步骤；
4．掌握措施项目清单编制方法；
5．掌握其他项目清单编制方法；
6．掌握规费、税金项目清单编制方法；
7．能够结合实际工程项目编制完整的工程量清单文件。

任务描述

根据附录中 1 号办公楼施工图纸，编制一份土建工程的工程量清单。其中，分部分项工程量清单编制可任取两项，工程数量可以暂估。要求完成以下具体任务：

1．填写封面、编制说明；
2．形成分部分项工程量清单与计价表；
3．形成措施项目清单与计价表；
4．形成其他项目清单与计价表；
5．形成规费与税金计价表。

任务实施

1.1.1　学习工程量清单编制的基本理论

建筑工程工程量清单计价规范

工程量清单计价是一种国际上通行的工程造价计价方式，也是在建设工程招标投标中，招标人按照国家统一的《建设工程工程量清单计价规范》（GB 50500—2013）（以下简称“计价规范”）的要求及施工图，提供工程量清单，由投标人按照招标文件、工程量清单、施工图、计价定额或企业定额、市场价格等依据，自主报价并经评审后，合理低价中标的工程造价计价方式。

投标人要想合理地确定投标报价，提高中标率，工程完工后能获得更高的利润，必须熟悉工程量清单编制的基本理论，掌握其编制的原则和方法。

1．工程量清单的概念

工程量清单是指载明建设工程分部分项工程项目、措施项目、其他项目的名称和相应数量，以及规费、税金项目等内容的明细清单。

招标工程量清单应由具有编制能力的招标人或受其委托、具有相应资质的工程造价咨询人编制。招标工程量清单是工程量清单计价的基础，应作为编制招标控制价、投标报价、计算或调整工程量、索赔等的依据之一。

（1）分部分项工程量清单表明了拟建工程的全部分项实体工程的名称和相应的工程数量。例如，某工程现浇 C20 钢筋混凝土基础梁，232.96 m^3；加气混凝土砌块墙，305.71 m^3 等。

（2）措施项目清单主要表明了为完成拟建工程全部分项实体工程而必须采取的措施性项目。例如，某工程大型施工机械设备（塔式起重机）进场及安拆、脚手架搭拆等。

（3）其他项目清单主要表明了招标人提出的与拟建工程有关的特殊要求所发生的费用。例如，某工程考虑可能发生工程量变更而预先提出的暂列金额项目及材料暂估价、专业工程暂估价、计日工、总承包服务费等项目。

（4）规费项目清单是指根据省级政府或省级有关权力部门规定必须缴纳的，应计入建筑安装工程造价的费用项目。例如，工程排污、养老保险、失业保险、医疗保险、住房公积金、危险作业意外伤害保险等。

（5）税金项目清单是根据目前国家税法规定应计入建筑安装工程造价内的增值税。其中，甲供材料、甲供设备不作为增值税计税基础。

工程量清单是招标投标活动中，对招标人和投标人都具有约束力的重要文件，是招标投标活动的重要依据。招标工程量清单必须作为招标文件的组成部分，其准确性和完整性由招标人负责。

2．工程量清单编制的原则

工程量清单编制的原则包括五个统一、三个自主、两个分离。

（1）五个统一。分部分项工程量清单包括的内容，应满足两个方面的要求：一是满足方便管理和规范管理的要求；二是满足工程计价的要求。为了满足上述要求，分部分项工程量清单应根据相关工程现行国家计量规范规定的项目编码、项目名称、项目特征、计量单位和工程量计算规则进行编制。也就是说必须符合五个统一的要求，即项目编码统一、项目名称统一、项目特征统一、计量单位统一、工程量计算规则统一。

（2）三个自主。工程量清单报价是市场形成工程造价的主要形式。“计价规范”第 6.1.2 条指出：除本规范强制性规定外，投标人应依据招标文件及其招标工程量清单等自主确定投标报价。6.1.3 条指出：投标报价不得低于工程成本。这一要求使得投标人在报价时能够自主确定工料机消耗量、自主确定工料机单价、自主确定除规范强制性规定外的措施项目费及其他项目费的内容和费率。

（3）两个分离。两个分离是从定额计价方式的角度来表达的。因为定额计价的方式采用定额基价计算分部分项费，工料机消耗量和工料机单价是固定的，量价没有分离。而工程量清单计价按“计价规范”规定可以自主确定工料机消耗量、自主确定工料机单价，量价是分离的。

清单工程量与计价工程量分离是从工程量清单报价方式来描述的。清单工程量是根据“计价规范”和相关工程的国家计量规范计算的，计价工程量是根据所选定的计价定额或企业定额等消耗量定额计算的，两者的工程量计算规则有所不同，计算出的工程量是不同的，两者是分离的。

笔记

3．工程量清单编制的依据

（1）“计价规范”和相关工程的国家计量规范；

（2）国家或省级、行业建设主管部门颁发的计价定额和办法；

（3）建设工程设计文件及相关资料；

（4）与建设工程有关的标准、规范、技术资料；

（5）拟订的招标文件；

（6）施工现场情况、地勘水文资料、工程特点及常规施工方案；

（7）其他相关资料。

4．工程量清单编制的内容

工程量清单主要包括五部分内容：一是分部分项工程量清单；二是措施项目清单；三是其他项目清单；四是规费项目清单；五是税金项目清单。

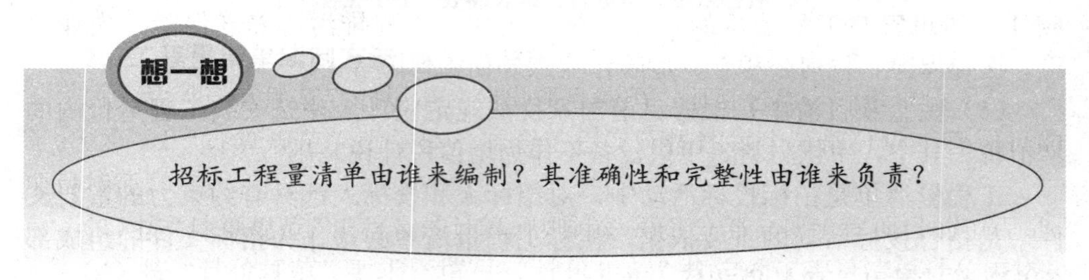

1.1.2 分部分项工程量清单编制

房屋建筑与装饰工程工程量清单计算规范

分部分项工程量清单项目由项目编码、项目名称、项目特征、计量单位和工程量五个要素构成。“计价规范”第4.2.1条指出：分部分项工程量清单必须载明项目编码、项目名称、项目特征、计量单位和工程量；第4.2.2条指出：分部分项工程量清单必须根据相关工程现行国家计量规范规定的项目编码、项目名称、项目特征、计量单位和工程量计算规则进行编制。

1．项目编码

项目编码是指分部分项工程量清单项目名称的数字标识。

微课：分部分项工程量清单编制

分部分项工程量清单的项目编码，应采用十二位阿拉伯数字表示。一至九位应按《房屋建筑与装饰工程工程量清单计算规范》（GB 50854—2013）（以下简称“计算规范”）附录的规定设置，十至十二位由编制人根据拟建工程的工程量清单项目名称和项目特征设置，同一招标工程的项目编码不得有重码。

各位数字的含义：一、二位为专业工程代码（01—房屋建筑与装饰工程；02—仿古建筑工程；03—通用安装工程；04—市政工程；05—园林绿化工程；06—矿山工程；07—构筑物工程；08—城市轨道交通工程；09—爆破工程）；三、四位为附录分类顺序码；五、六位为分部工程顺序码；七、八、九位为分项工程项目名称顺序码；十至十二位为清单项目名称顺序码。

例如，某拟建工程的砖基础清单项目的编码为“010401001001”，前9位“010401001”为“计算规范”的统一编码，后3位“001”为该项目名称的顺序编码；

又如，某拟建工程的直形楼梯清单项目的编码为“010 506001 001”，前9位“010 506001”为“计算规范”的统一编码，后3位“001”为该清单项目名称的顺序编码。

同一招标工程的项目编码不得有重码。例如，一个标段（或合同段）的工程量清单中含有三个单位工程，每一个单位工程中都有项目特征相同的标准砖基础，在工程量清单中又需反映三个不同单位工程的标准砖基础工程量时，此时工程量清单应以单位工程为编制对象，则第一个单位工程的标准砖基础的项目编码应为010401001001，第二个单位工程的标准砖基础的项目编码应为010401001002，第三个单位工程的标准砖基础的项目编码应为010401001003，并分别列出各单位工程标准砖基础的工程量。

编制工程量清单出现附录中未包括的项目，编制人应做补充，并报省级或行业工程造价管理机构备案，省级或行业工程造价管理机构应汇总报住房和城乡建设部标准定额研究所。

补充项目的编码由计算规范的代码01与B和三位阿拉伯数字组成，并应从01B001起顺序编制，同一招标工程的项目不得重码。补充的工程量清单需附有补充项目的名称、项目特征、计量单位、工程量计算规则、工作内容。

2．项目名称

分部分项工程量清单的项目名称应按“计算规范”附录的项目名称，结合拟建工程的实际情况确定。

3．项目特征

项目特征是指构成分部分项工程量清单项目的本质特征。

（1）项目特征的描述要求。分部分项工程量清单项目特征应按“计算规范”附录中规定的项目特征、结合拟建工程项目的实际予以描述。

1）项目特征必须描述清楚。如果招标人提供的工程量清单对项目特征描述不具体，特征不清、界限不明，会使投标人无法准确理解工程量清单项目的构成要素，评价时就会难以合理地评定中标价，结算时也会引起发、承包双方争议，影响工程量清单计价工作的推进。因此，准确描述项目特征是有效推进工程量清单计价工作的重要环节。

2）项目特征是与项目名称相对应的。预算定额的项目一般按施工工序或工作过程、综合工作过程设置，包含的工程内容相对来说较单一，据此规定了相应的工程量计算规则。工程量清单项目的划分，一般按“综合实体”来考虑，一个项目中包含了多个工作过程或综合工作过程，据此也规定了相应的工程量计算规则。这两者的工作内容和工程量计算规则有一定的差别，使用时应充分注意。所以，相对来说，工程量清单项目的工作内容综合性较强。例如，在工程量清单项目中，砖基础项目的工作内容包括砂浆制作与运输；材料运输；砌砖基础；防潮层铺设等。上述项目可由两个预算定额项目构成。

在项目特征中，每一个工作对象都有不同的规格、型号和材质，这些必须说明。所以，每个项目名称都要表达出项目特征。例如，清单项目中的砖基础项目，其项目特征包括砖品种、规格、强度等级；基础类型；砂浆强度等级；防潮层材料等。

笔记

（2）准确描述项目特征的重要意义。

1）项目特征是区分清单项目的依据。工程量清单项目特征是用来表述分部分项清单项目的实质内容，用于区分“计算规范”中同一清单条目下各个具体的清单项目的。没有项目特征的准确描述，对于相同或相似的清单项目名称，就无从区分。

微课：分部分项工程量清单编制注意事项

2）项目特征是确定综合单价的前提。由于工程量清单项目的特征决定了工程实体的实质内容，必然直接决定了工程实体的自身价值。因此，工程量清单项目特征描述得准确与否，直接关系到工程量清单项目综合单价的准确确定。

3）项目特征是履行合同义务的基础。实行工程量清单计价，工程量清单及其综合单价是施工合同的组成部分。因此，如果工程量清单项目特征的描述不清甚至漏项、错误，从而引起在施工过程中的更改，就会产生意见分歧，导致不必要的纠纷。

由此可见，清单项目特征的描述，应根据“计算规范”附录中有关项目特征的要求，结合技术规范、标准图集、施工图纸，按照工程结构、使用材质及规格或安装位置等，予以详细而准确地表述和说明。可以说，离开了清单项目特征的准确描述，清单项目就将没有生命力。当要购买某一商品，如购买计算机时，就首先要了解计算机的品牌、型号、内存和硬盘的配置等诸方面的情况，因为这些情况决定了计算机的价格。相对于建筑产品来说，由于其单件性的特性，情况比较特殊，因此在合同的分类中，工程发、承包施工合同属于加工承揽合同中的一个特例，实行工程量清单计价，就需要对分部分项工程量清单项目的实质内容、项目特征进行准确描述，这就与要购买计算机时，需首先了解品牌、性能等。因此，准确地描述清单项目的特征对于准确地确定清单项目的综合单价具有决定性的作用。当然，由于种种原因，同一个清单项目，由不同的人进行编制，会有不同的描述。但是，体现项目本质区别的特征和对报价有实质影响的内容都必须描述，这一点是无可置疑的。

4. 计量单位

分部分项工程量清单的计量单位应按“计算规范”附录中规定的计量单位确定。

微课：清单工程量与计价工程量

工程量清单项目的计量单位是按照能够准确地反映该项目工程内容的原则确定的。例如，“实心砖墙”项目的计量单位是“m^3”；“砖检查井”项目的计量单位是“座”；“硬木靠墙扶手”项目的计量单位是“m”；“墙面一般抹灰”项目的计量单位是“m^2”；“干挂石材钢骨架”项目的计量单位是“t”等。

5. 工程量

工程量即工程的实物数量。分部分项工程量清单项目的计算依据有施工图纸；“计算规范”等。

分部分项工程量清单中所列工程量应按“计算规范”附录中规定的工程量计算规则计算。

分部分项工程量清单项目的工程量是一个综合的数量。综合的意思是指一项工程量中，相对消耗量定额综合了若干项工作内容，这些工作内容的工程量可能是相同的，也可能是不同的。例如，在“砖基础”这个项目中，综合了砌砖的工程量、铺设墙基防潮层的工程量。当这些不同工作内容的工作量不相同时，除应该计算出项目实体的（主项）工程量外，还要分别计算出相关工程内容的（附项）工程量。例如，根据某拟建工程实际情况，计算出的砖基础（主项）工程量为 125.51 m^3，计算出的基础防潮层（附项）工程量为 8.25 m^2。这时，该项目的主项工程量可以确定为砖基础 125.51 m^3，但分析综合单价计算人工、材料、机械台班消耗量时，应分别按各自的工程量计算。只有这样计算，才能为计算综合单价提供准确的依据。

还需指出，在分析工、料、机消耗量时套用的定额，必须与所采用的消耗量定额的工程量计算规则的规定相对应。这是因为工程量计算规则与编制定额、确定消耗量有着内在的对应关系。

6．分部分项工程量清单编制步骤

（1）在“计算规范”附录中查找到想编制的清单项目，以确定分项清单的项目编码、项目名称、计量单位；

（2）根据“计算规范”附录中规定的工程量计算规则计算分项工程的工程数量；

（3）根据“计算规范”附录中规定的项目特征，结合拟建工程项目的实际描述项目特征；

（4）将结果填入分部分项工程量清单与计价表的相应栏目。

【例 1-1-1】 某框架结构工程，现浇钢筋混凝土柱，混凝土强度等级为 C25，柱截面尺寸为 600 mm×600 mm，柱高为 3 m，共 10 根，试编制柱的分部分项工程量清单。

笔记

【解】 分部分项工程量清单编制的步骤：

第一步，在“计算规范”附录中找到矩形柱的清单项目，确定分项清单的项目编码、项目名称、计量单位。“计算规范”附录中现浇混凝土柱见表 1-1-1。

表 1-1-1 “计算规范”附录中现浇混凝土柱

项目编码	项目名称	项目特征	计量单位	工程量计算规则	工作内容
010502001	矩形柱	1. 混凝土种类 2. 混凝土强度等级	m^3	按设计图示尺寸以体积计算。 柱高： 1. 有梁板的柱高，应自柱基上表面（或楼板上表面）至上一层楼板上表面之间的高度计算； 2. 无梁板的柱高，应自柱基上表面（或楼板上表面）至柱帽下表面之间的高度计算； 3. 框架柱的柱高，在自柱基上表面至柱顶高度计算 4. 构造柱按全高计算，嵌接墙体部分（马牙槎）并入柱身工程； 5. 依附柱上的牛腿和升板的柱帽，并入柱身体积计算	1. 模板及支架（撑）制作、安装、拆除、堆放、运输及清理模内杂物、刷隔离剂等 2. 混凝土制作、运输、浇筑、振捣、养护
010502002	构造柱				

第二步，根据“计算规范”附录中规定的工程量计算规则计算分项工程的工程数量。

工程量计算规则：按设计图示尺寸以体积计算。

$$矩形柱工程量=0.6\times0.6\times3\times10=10.80\ (m^3)$$

第三步，根据附录中规定的项目特征，结合拟建工程项目的实际描述项目特征。

混凝土种类：商品混凝土；

混凝土强度等级：C25。

注：“计算规范”中对混凝土种类的描述做出说明。混凝土种类是指清水混凝土、彩色混凝土等，如在同一地区既使用预拌（商品）混凝土，又允许现场搅拌混凝土时，也应注明。本例题结合工程实际情况采用商品混凝土。

第四步，将结果填入分部分项工程量清单与计价表的相应栏目，见表 1-1-2。

表 1-1-2　矩形柱分部分项工程量清单表

项目编码	项目名称	项目特征	计量单位	工程数量
010502001001	矩形柱	1. 混凝土种类：商品混凝土 2. 混凝土强度等级：C25	m^3	10.80

做一做

根据附录中 1 号办公楼施工图纸及“计算规范”编制混凝土楼梯的分部分项工程量清单。

编制过程

第一步，在“计算规范”附录中找到楼梯的清单项目，确定楼梯的项目编码、项目名称、计量单位：

第二步，根据“计算规范”附录中规定的工程量计算规则计算楼梯的工程数量：

第三步，根据“计算规范”附录中规定的项目特征，结合附录1号办公楼的实际描述项目特征：

第四步，将结果填入分部分项工程量清单表的相应栏目内，见表1-1-3。

编制成果

表 1-1-3　楼梯分部分项工程量清单表

项目编码	项目名称	项目特征	计量单位	工程量

问题分析

1.1.3　措施项目清单编制

1．措施项目概念

为完成工程项目施工，发生于该工程施工准备和施工过程中的技术、生活、安全、环境保护等方面的非工程实体项目，如脚手架、模板、机械进出场、垂直运输等。

2．计价规范相关规定

“计价规范”中4.3.1和4.3.2规定如下：

4.3.1 措施项目清单必须根据相关工程现行国家计量规范的规定编制。

该条条文说明：由于现行国家计量规范已将措施项目纳入规范，因此，本条规定措施项目清单必须根据相关工程现行国家计量规范的规定编制。本条为强制性条文，必须严格执行。

4.3.2 措施项目清单应根据拟建工程的实际情况列项。

该条条文说明：措施项目清单的编制需要考虑多种因素，除工程本身的因素外，还涉及水文、气象、环境、安全等因素。由于影响措施项目设置的因素太多，计量规范不可能将施工中可能出现的措施项目一一列出。在编制措施项目清单时，因工程情况不同，出现计量规范附录中未列的措施项目，可根据工程的具体情况对措施项目清单做补充。

3．编制措施项目清单

“计价规范”将措施项目划分为两类：一类是不能计算工程量的项目，如文明施工和安全防护、临时设施等，以“项”计价，称为“总价项目”，见表 1-1-4；另一类是可以计算工程量的项目，如脚手架、降水工程等，以“量”计价，更有利于措施费的确定和调整，称为“单价项目”，见表 1-1-5。

表 1-1-4　总价措施项目清单与计价表

工程名称：　　　　　　　　　　　　　标段：　　　　　　　　　　　　　第　页　共　页

序号	项目编码	项目名称	计算基础	费率/%	金额/元	调整费率/%	调整后金额/元	备注
		安全文明施工费						
		夜间施工增加费						
		二次搬运费						
		冬雨期施工增加费						
		已完工程及设备保护费						
合计								

笔记

表 1-1-5　单价措施项目清单与计价表

工程名称：　　　　　　　　　　　　　标段：　　　　　　　　　　　　　第　页　共　页

序号	项目编码	项目名称	项目特征描述	计量单位	工程量	金额/元		
						综合单价	合价	其中 暂估价
本页小计								
合计								

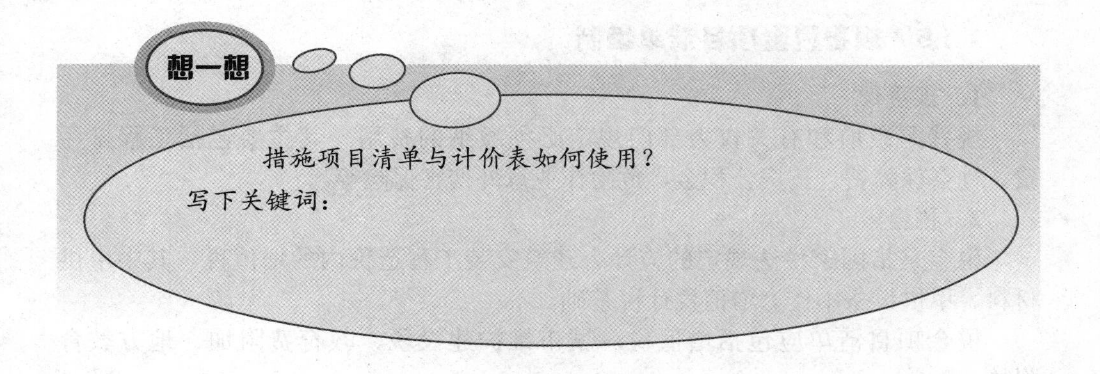

1.1.4 其他项目清单编制

工程建设项目标准的高低、工程的复杂程度、工程的工期长短、工程的组成内容等直接影响其他项目清单中的具体内容。

其他项目清单应根据拟建工程的具体情况确定，一般包括暂列金额、暂估价、计日工、总承包服务费等。

(1) 暂列金额是招标人在工程量清单中暂定并包括在合同价款中的一笔款项。用于施工合同签订时尚未确定或者不可预见的所需材料、设备、服务的采购，施工中可能发生的工程变更、合同约定调整因素出现时的工程价款调整，以及发生的索赔、现场签证确认等的费用。工程量变更主要是指工程量清单漏项、有误所引起工程量的增加或施工中的设计变更引起标准提高或工程量的增加等。

(2) 总承包服务费包括配合协调招标人工程分包和材料采购所需的费用，此处提出的分包是指国家允许的分包工程。

(3) 计日工应根据拟建工程的具体情况，详细列出人工、材料、机械的名称、计量单位和相应数量。例如，某办公楼建筑工程，在设计图纸以外发生的零星工作项目，家具搬运用工 30 个工日。

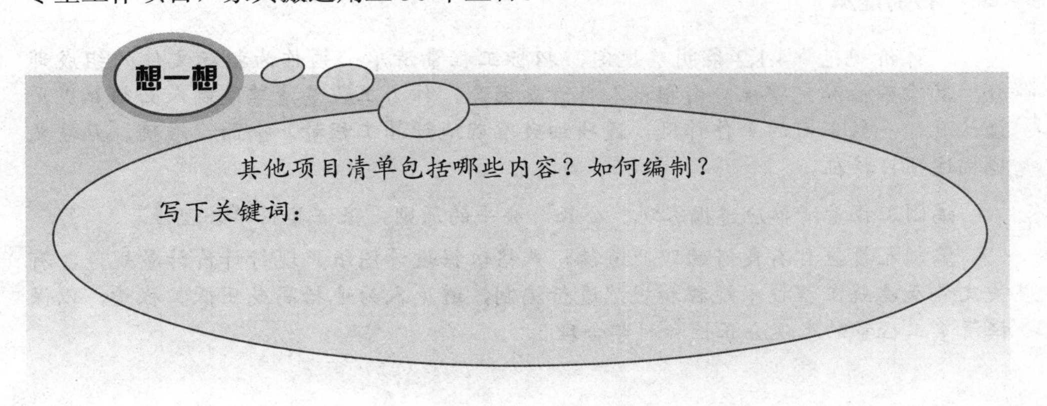

1.1.5　规费税金项目清单编制

1．规费

规费是政府和有关权力部门规定必须缴纳的费用。其主要包括工程排污费、社会保障费、住房公积金、危险作业意外伤害保险等。

2．税金

税金是指国家税法规定的应计入建筑安装工程造价内的增值税。其中甲供材料、甲供设备不作为增值税计税基础。

税金项目清单应包括增值税，城市维护建设税、教育费附加、地方教育附加。

1.1.6　编制封面及总说明

1．封面与扉页

封面应按规定的内容填写、签字、盖章。根据“计价规范”的规定，招标工程量清单封面格式见封 –1。扉页应按规定的内容填写、签字、盖章，由造价员编制的工程量清单应有负责审核的造价工程师签字、盖章。受委托编制的工程量清单，应有造价工程师签字、盖章及工程造价咨询人盖章。根据“计价规范”的规定，招标工程量清单扉页格式见扉 –1。

2．总说明

总说明应按下列内容填写：

（1）工程概况：建设规模、工程特征、计划工期、施工现场实际情况、自然地理条件、环境保护要求等。

（2）工程招标和专业工程发包范围。

（3）工程量清单编制依据。

（4）工程质量、材料、施工等的特殊要求。

（5）其他需要说明的问题。

造价工程师的职业道德

特别提示

“计价规范”4.1.2 条明确规定，招标工程量清单必须作为招标文件的组成部分，其准确性和完整性应由招标人负责。因此，作为工程量清单编制人必须养成严谨认真、一丝不苟的工作作风，逐项细致准确地计算工程量，全面、准确、无歧义地描述项目特征。

编制工程量清单应遵循客观、公正、公平的原则，保证其科学合理性。

编制人员应具有良好的职业道德，严格依据设计图纸、现行计价计量规范、有关文件及建筑工程技术规程和规范进行编制，避免人为地抬高或压低工程量，以保证清单工程量的客观公正性和科学合理性。

招标工程量清单封面

______________________________工程

招 标 工 程 量 清 单

招标人：______________________________
（单位盖章）

造价咨询人：______________________________
（单位盖章）

年 月 日

封 -1

笔记

笔记

招标工程量清单扉页

______________________________工程

招 标 工 程 量 清 单

招标人：______________________
（单位盖章）

造价咨询人：______________________
（单位资质专用章）

法定代表人或其授权人：______________________
（签字或盖章）

法定代表人或其授权人：______________________
（签字或盖章）

编制人：______________________
（造价人员签字盖专用章）

复核人：______________________
（造价工程师签字盖专用章）

编制时间：　　年　　月　　日　　复核时间：　　年　　月　　日

扉 -1

1.1.7 工程量清单编制实例

任务 1.1.2 中 1 号办公楼的工程量清单编制见表 1-1-6 ～表 1-1-13。

表 1-1-6 招标工程量清单封面

1 号办公楼 工程

招 标 工 程 量 清 单

招标人：×××房地产公司

（单位盖章）

造价咨询人：×××工程造价咨询有限公司

（单位盖章）

2019 年 7 月 5 日

笔记

表 1-1-7　招标工程量清单扉页

招标工程量清单扉页

1号办公楼＿＿＿＿＿＿工程

招 标 工 程 量 清 单

招标人：＿＿＿＿＿＿＿＿（单位盖章）

造价咨询人：＿＿＿＿＿＿＿＿（单位资质专用章）

法定代表人或其授权人：＿＿＿＿＿＿＿＿（签字或盖章）

法定代表人或其授权人：＿＿＿＿＿＿＿＿（签字或盖章）

编制人：＿＿＿＿＿＿＿＿（造价人员签字盖专用章）

复核人：＿＿＿＿＿＿＿＿（造价工程师签字盖专用章）

编制时间：　　年　　月　　日

复核时间：　　年　　月　　日

笔记

表 1-1-8　总说明

工程名称：1 号办公楼　　　　　　　　　　　　　　　　　　　　　　　第 1 页　共 1 页

1. 工程概况：本工程为框架结构，地上三层，建筑面积为 1 030.50m²，抗震等级为三级。
2. 工程招标范围：本次招标范围为施工图范围内的建筑工程和装饰装修工程。
3. 工程量清单编制依据：
（1）1 号办公楼工程图纸；
（2）《建设工程工程量清单计价规范》（GB 50500—2013）；
（3）《房屋建筑与装饰工程工程量计算规范》（GB 50854—2013）。

表 1-1-9　分部分项工程量清单与计价表

工程名称：1 号办公楼工程　　　　　　　　标段：　　　　　　　　　　　　第　页　共　页

序号	项目编码	项目名称	项目特征	计量单位	工程量	金额 / 元		
						综合单价	合价	其中
								暂估价
1	010101001001	平整场地	1. 土壤类别：综合土 2. 弃土运距：投标人根据施工现场实际情况自行考虑 3. 取土运距：投标人根据施工现场实际情况自行考虑	m^2	357.24			
2	010401003001	实心砖墙	1. 墙体类型：实砌砖墙 2. 墙体厚度：240mm 3. 砖品种、规格：机制红砖 240 mm×115 mm ×53 mm 4. 砂浆强度等级：水泥砂浆 M5.0	m^3	24.45			
3	……		……	……	……			
本页小计								
合计								

笔记

表 1-1-10 总价措施项目清单与计价表

工程名称：1 号办公楼工程　　　　标段：　　　　第 1 页 共 1 页

序号	项目名称	计算基础	费 率 /%	金额 / 元	备注
1	夜间施工费				
2	二次搬运费				
3	冬雨期施工增加费				
4	已完工程及设备保护费用				
合计					

表 1-1-11 单价措施项目清单与计价表

工程名称：1 号办公楼工程　　　　标段：　　　　第 1 页 共 1 页

序号	项目编码	项目名称及项目特征	计量单位	工程数量	金额 / 元		
					综合单价	合价	其中 暂估价
1	011704001001	垂直运输 1. 建筑物建筑类型及结构形式：框架结构 2. 建筑物檐口高度、层数：10.8 m，3 层	m^2	1 030.5			
2	011702002001	外脚手架 1. 搭设方式：双排 2. 搭设高度：15m 内 3. 脚手架材质：钢管	m^2	1 749.77			
3	011702002002	外脚手架 1. 搭设方式：单排外脚手架 2. 搭设高度：15 m 内 3. 脚手架材质：钢管	m^2	1 432.2			
4	011702003001	里脚手架 1. 搭设方式：双排里脚手架 2. 搭设高度：3.6 m 3. 脚手架材质：钢管	m^2	806.71			
本页小计							
合计							

注：表 1-1-11 适用以综合单价形式计价的措施项目。

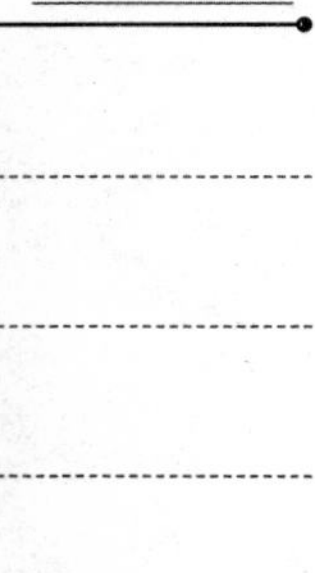

表 1-1-12　其他项目清单与计价汇总表

工程名称：1 号办公楼工程　　　　　　　　标段：　　　　　　　　　　　　第 1 页 共 1 页

序号	项目名称	计量单位	金额 / 元	结算金额 / 元	备注
1	暂列金额	项	200 000		
2	暂估价				
2.1	材料（工程设备）暂估价 / 结算价				
2.2	专业工程暂估价 / 结算价				
3	计日工				
4	总承包服务费				
5	索赔与现场签证				
	合计				

表 1-1-13　规费、税金项目清单与计价表

工程名称：1 号办公楼工程　　　　　　　　标段：　　　　　　　　　　　　第 1 页 共 1 页

序号	项目名称	计算基础	计算基数	费率 /%	金额 / 元
1	规费	定额人工费			
1.1	社会保险费	定额人工费			
（1）	养老保险费	定额人工费			
（2）	失业保险费	定额人工费			
（3）	医疗保险费	定额人工费			
（4）	工伤保险费	定额人工费			
（5）	生育保险费	定额人工费			
1.2	住房公积金	定额人工费			
1.3	工程排污费	按工程所在地环境保护部门收取标准，按实际入			
2	税金	分部分项工程费 + 措施项目费 + 其他项目费 + 规费 − 按规定不计税的工程设备金额			
		合计			

任务总结

1．分部分项工程量清单编制程序

分部分项工程量清单编制程序如图 1-1-1 所示。

微课：工程量清单编制内容

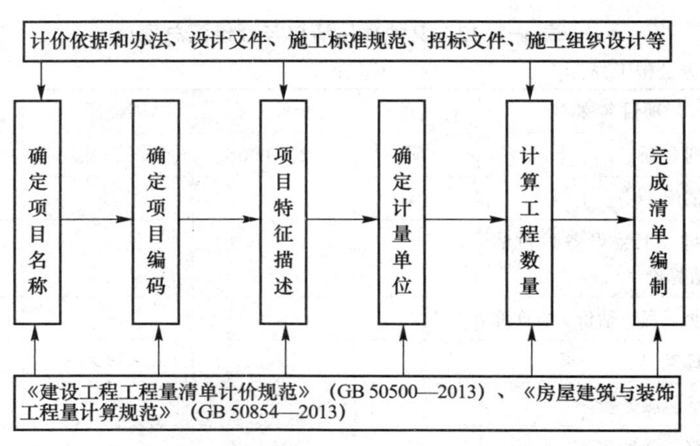

图 1-1-1　分部分项工程量清单编制程序

2．工程量清单编制方法

（1）按“计算规范”的规定，列出项目编码、项目名称、计量单位。

（2）以“计算规范”为主体，结合工程实际描述每个分部分项工程项目的项目特征。

（3）按“计算规范”工程量的计算规则计算每个分部分项工程项目的工程量。

（4）按“计价规范”要求，填写“计价规范”规定的工程量清单计价表格：封面、总说明、分部分项工程量清单、措施项目清单、其他项目清单、规费项目清单、税金项目清单。

实践训练与评价

龙门客栈
施工图纸

1．实践训练

根据龙门客栈施工图纸，以小组为单位，编制一份土建工程的工程量清单。其中，分部分项工程量清单的编制可任取两项，工程量可以暂估。扫描二维码获取龙门客栈施工图纸。

提交的学习成果需包括以下内容：

（1）封面、编制说明。

（2）分部分项工程量清单与计价表。

（3）措施项目清单与计价表。

（4）其他项目清单与计价表。

（5）规费与税金计价表。

在实际工作中，一个工程项目的工程量清单编制往往由团队合作完成。

因此，在完成任务的过程中要注意培养互助友善合作的精神，增强团队协作意识，实现合作共赢。

2．任务评价

本任务配分权重见表 1-1-14。

表 1-1-14　本任务配分权重表

任务内容		评价指标	配分	得分
工程量清单编制（100%）	1	封面符合计价规范要求	5	
	2	编制说明合理，能结合实际工程编制	5	
	3	分部分项工程量清单编制内容全面、准确，体现五大要素	30	
	4	措施项目清单编制准确	20	
	5	其他项目清单编制准确	10	
	6	规费与税金清单编制准确	10	
	7	工作态度认真	10	
	8	团队合作默契	10	

任务 1.2　工程量清单计价

笔记

任务目标

1．掌握综合单价的确定方法；
2．掌握分部分项工程费的确定方法；
3．熟悉措施项目费的确定方法；
4．熟悉其他项目费的确定方法；
5．熟悉规费、税金的确定方法；
6．掌握工程量清单报价的编制流程；
7．能够正确计算实际工程项目的分部分项工程费；
8．能够编制实际工程项目报价文件。

任务描述

某工程，基础平面及内、外墙条形基础剖面如图 1-2-1 所示，基础底铺 3 ∶ 7 灰土垫层 300 mm 厚，采用 M5.0 水泥砂浆砌筑机制标准红砖而成，基础防潮层采用抹防水砂浆 20 mm 厚。试编制该砖基础工程量清单，并用正算法确定砖基础综合单价。

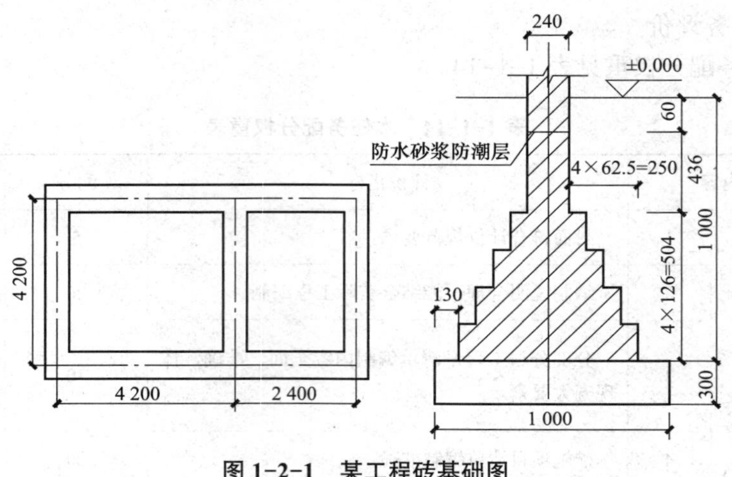

图 1-2-1　某工程砖基础图

任务实施

1.2.1　确定分部分项工程费

1．工料机消耗量的确定

微课：工料机消耗量的确定（1）

工料机消耗量是根据分部分项工程量和有关消耗量定额计算出来的。在套用定额分析计算工料机消耗量时，分两种情况：一种是直接套用；另一种是分别套用。

（1）直接套用定额，分析工料机用量。当分部分项工程量清单项目与定额项目的工作内容和项目特征完全一致时，可以直接套用定额消耗量，计算出分部分项的工料机消耗量。例如，某工程用 M5.0 混合砂浆砌 240 mm 厚加气混凝土砌块墙项目，可以直接套用与工作内容相对应的消耗量定额时，就可以采用该定额分析工料机消耗量。

（2）分别套用不同定额，分析工料机用量。当定额项目的工作内容与清单项目的工作内容不完全相同时，需要按清单项目的工作内容，分别套用不同的定额项目。例如，某工程 M5 水泥砂浆砌砖基础清单项目，还包含了 1 ∶ 2 水泥砂浆墙基防潮层附项工程量时，应分别套用 1 ∶ 2 水泥砂浆墙基防潮层消耗量定额和 M5 水泥砂浆砌砖基础消耗量定额，计算其工料机消耗量；又如，室内吊顶天棚清单项目包含龙骨安装、基层板铺贴、面层铺贴等工作内容，需要分别套用龙骨安装、基层板铺贴、面层铺贴等的消耗量定额，计算其工料机消耗量。

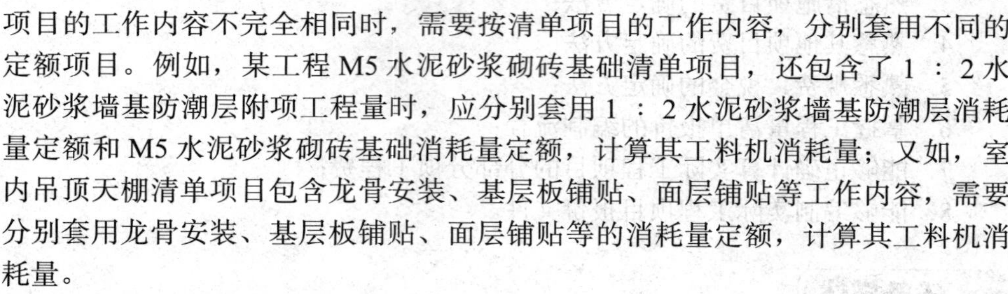

微课：工料机消耗量的确定（2）

2．分部分项工程费的确定

分部分项工程费是根据分部分项清单工程量分别乘以对应的综合单价计算出来的。

（1）综合单价的确定。综合单价是有别于预算定额基价的另一种计价方式。

综合单价以分部分项工程项目为对象，从我国的实际情况出发，包含了人工费、材料费、机械费、管理费、利润、由投标人承担的风险费等费用。

根据我国工程建设特点，投标人应完全承担的风险包括技术风险和管理风险，如管理费和利润；应有限度承担的是市场风险，如材料价格、施工机械使用费等的风险；应完全不承担的是法律、法规、规章和政策变化的风险。所以，综合单价中不包含规费和税金。

材料价格的风险宜控制在5%以内，施工机械使用费的风险可控制在10%以内，超过者应予以调整。

综合单价的计算公式表达为

分部分项工程量清单项目综合单价＝人工费＋材料费＋机械费＋管理费＋利润＋由投标人承担的风险费用

其中：

$$人工费=\sum_{i=1}^{n}（工日消耗量\times人工单价）_i$$

$$材料费=\sum_{i=1}^{n}（材料消耗量\times材料单价）_i$$

$$机械费=\sum_{i=1}^{n}（机械台班消耗量\times台班单价）_i$$

管理费＝人工费×管理费费率

利润＝人工费×利润率

风险费用＝5%以内的材料价格风险＋10%以内的施工机械使用费风险

（2）分部分项工程费计算。分部分项工程费按照下列公式计算：

$$分部分项工程费=\sum_{i=1}^{n}（清单工程量\times综合单价）_i$$

3．计价工程量

（1）计价工程量的概念。计价工程量也称报价工程量，是计算工程投标报价的重要数据。

计价工程量是投标人根据拟建工程施工图、施工方案、清单工程量和所采用的定额及相对应的工程量计算规则计算出的，用以确定综合单价的重要数据。

清单工程量作为统一各投标人工程报价的口径，是十分重要的，也是十分必要的。但是，投标人不能根据清单工程量直接进行报价。这是因为施工方案不同，其实际发生的工程量是不同的。例如，基础挖方是否留工作面，留多少，不同的施工方法其实际发生的工程量是不同的，采用的定额不同，其综合单价的计算结果也是不同的。所以，在投标报价时，各投标人必须要计算计价工程量。将用于报价的实际工程量称为计价工程量。

（2）计价工程量计算方法。计价工程量是根据所采用的定额和相对应的工程量计算规则计算的。所以，承包商一旦确定采用何种定额，就应完全按该定

笔记

额所划分的项目内容和工程量计算规则计算工程量。

计价工程量的计算内容一般要多于清单工程量。因为计价工程量不但要计算每个清单项目的主项工程量，而且还要计算所包含的附项工程量。这就要根据清单项目的工作内容和定额项目的划分内容具体确定。例如，M5 水泥砂浆砌砖基础项目，不但要计算主项的砖基础项目，还要计算水泥砂浆墙基防潮层的附项工程量。

计价工程量的具体计算方法，与建筑安装工程预算中所介绍的工程量计算方法基本相同。

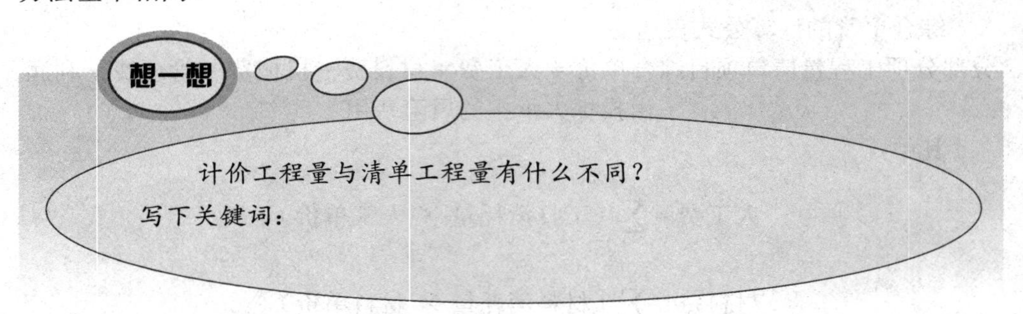

4．综合单价编制

（1）综合单价的概念。综合单价是完成一个规定计量单位的分部分项工程和措施清单项目所需的人工费、材料（工程设备）费、施工机具使用费和企业管理费、利润及一定范围内的风险费用。

综合单价是相对各项单价而言的，是在分部分项工程量及相对应的计价工程量项目乘以人工单价、材料单价、机械台班单价、管理费费率、利润率的基础上综合而成的。形成综合单价的过程不是简单地将分项单价等汇总的过程，而是根据具体分部分项工程量和计价工程量及工料机单价等要素的结合，通过具体计算后综合而成的。

（2）综合单价的数学模型。清单工程量乘以综合单价等于该清单工程量对应各计价工程量发生的全部人工费、材料费、机械费、管理费、利润、风险费之和。其数字模型如下：

$$综合单价=\left\{\left[\sum_{i=1}^{n}(计价工程量\times定额用工量\times人工单价)_i+\sum_{j=1}^{n}(计价工程量\times定额材料消耗量\times材料单价)_j+\sum_{k=1}^{n}(计价工程量\times定额机械台班消耗量\times台班单价)_k\right]\times(1+管理费费率+利润率)\times(1+风险率)\right\}\div清单工程量$$

（3）综合单价的计算方法及步骤。

1）正算法：先计算单价，后计算合价。

①确定工作内容。根据工程量清单计算规范清单项目设置中的工作内容，结合工程实际，确定该清单项目主体工作内容及相关的工作内容。

②计算计价工程数量。根据所套用的消耗量定额或企业定额等的计算规则，分别计算清单项目所包含的每项工作内容的计价工程量。

③计算含量。分别计算清单项目的每计量单位工程数量，应包含的某项工作内容的工程量。

$$③=②/相应清单项目工程量$$

④选择定额。根据“①”确定的工作内容，选定合理的定额子目，确定人工、材料、机械台班消耗量。

微课：综合单价计算方法—正算法

⑤选择单价。参照工程造价主管部门发布的人工、材料、机械台班信息价格或市场价格等，确定相应单价。

⑥“工作内容”的工、料、机价款。计算清单项目每计量单位所含某项工作内容的人工、材料、机械台班价款。

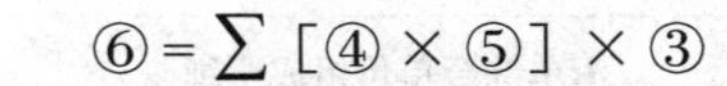

$$⑥=\sum[④\times⑤]\times③$$

⑦清单项目工、料、机价款。计算清单项目每计量单位人工、材料、机械台班价款。

$$⑦=\sum⑥$$

⑧选定费率。参照工程造价主管部门发布的相关费率，结合企业和市场情况，确定管理费费率、利润率，考虑适当的风险因素。

⑨计算综合单价。

a．以人工费＋材料费＋机械费为取费基数：

$$⑨=⑦\times(1+管理费费率+利润率)$$

b．以人工费为取费基数：

$$⑨=⑦+⑦中人工费\times(管理费费率+利润率)$$

c．以人工费和机械费之和为取费基数：

$$⑨=⑦+⑦中(人工费+施工机械使用费)\times(管理费费率+利润率)$$

2）反算法：先计算合价，后计算单价。

①确定工作内容。

②计算计价工程量。

③根据计价工程量套消耗量定额或企业定额，选套定额子目。

④进行工料分析。

⑤选择单价。选用工程造价主管部门发布的人工、材料、机械台班信息价格或市场价格。

微课：综合单价计算方法—反算法

⑥计算清单项目人工、材料、机械台班价款。假设计算得出的人工费、材料费、机械费合计为 A 元，其中人工费为 R 元、机械费为 J 元。

⑦确定管理费费率、利润率。

⑧计算综合合价。

a．以人工费＋材料费＋机械费为取费基数：

$$综合合价=A\times(1+管理费费率+利润率)$$

b．以人工费为取费基数：

综合合价 =A+R×（管理费费率 + 利润率）

c．以人工费和机械费之和为取费基数：

综合合价 =A+（R+J）×（管理费费率 + 利润率）

⑨计算综合单价。

综合单价 = 综合合价 ÷ 清单工程量

（4）综合单价分析表。投标人应按招标文件的要求，附工程量清单综合单价分析表，见表 1–2–1。

表 1–2–1　综合单价分析表

工程名称：　　　　　　　　　　　　　　标段：　　　　　　　　　　　　　　第　页　共　页

<table>
<tr><td colspan="2">项目编码</td><td></td><td colspan="2">项目
名称</td><td></td><td colspan="2">计量单位</td><td></td><td colspan="2">工程量</td><td></td></tr>
<tr><td colspan="12">清单综合单价组成明细</td></tr>
<tr><td rowspan="2">定额
编号</td><td rowspan="2">定额项目
名称</td><td rowspan="2">定额
单位</td><td rowspan="2">数量</td><td colspan="4">单价</td><td colspan="4">合价</td></tr>
<tr><td>人工费</td><td>材料费</td><td>机械费</td><td>管理费
和利润</td><td>人工费</td><td>材料费</td><td>机械费</td><td>管理费和
利润</td></tr>
<tr><td></td><td></td><td></td><td></td><td></td><td></td><td></td><td></td><td></td><td></td><td></td><td></td></tr>
<tr><td></td><td></td><td></td><td></td><td></td><td></td><td></td><td></td><td></td><td></td><td></td><td></td></tr>
<tr><td colspan="2">人工单价</td><td colspan="6">小计</td><td></td><td></td><td></td><td></td></tr>
<tr><td colspan="2">元 / 工日</td><td colspan="6">未计价材料费</td><td colspan="4"></td></tr>
<tr><td colspan="8">清单项目综合单价</td><td colspan="4"></td></tr>
<tr><td colspan="2" rowspan="5">材料费
明细</td><td colspan="4">主要材料名称、
规格、型号</td><td>单位</td><td>数量</td><td>单价
/ 元</td><td>合价
/ 元</td><td>暂估单价
/ 元</td><td>暂估合价
/ 元</td></tr>
<tr><td colspan="4"></td><td></td><td></td><td></td><td></td><td></td><td></td></tr>
<tr><td colspan="4"></td><td></td><td></td><td></td><td></td><td></td><td></td></tr>
<tr><td colspan="6">其他材料费</td><td>—</td><td></td><td>—</td><td></td></tr>
<tr><td colspan="6">材料费小计</td><td>—</td><td></td><td>—</td><td></td></tr>
<tr><td colspan="12">注：1．如不使用省级或行业建设主管部门发布的计价依据，可不填定额编号、名称等。
2．招标文件提供了暂估单价的材料，按暂估的单价填入表内“暂估单价”栏及“暂估合价”栏</td></tr>
</table>

5．综合单价编制实例—任务描述中分部分项工程量清单的编制与报价

（1）编制砖基础分部分项工程量清单。根据“计算规范”附录表 D.1 砖砌体可知，项目编码：010401001。项目名称：砖基础。项目特征：砖品种、规格、强度等级；基础类型；砂浆强度等级；防潮层材料种类。工程量计算规则：按设计图示尺寸以体积计算。包括附墙垛基础宽出部分体积，扣除地梁（圈梁）、构造柱所占体积，不扣除基础大放脚T形接头处的重叠部分及嵌入基础内的钢筋、铁件、管道、基础砂浆防潮层和单个面积≤0.3 m^{2}的孔洞所占体积，靠墙暖气沟的挑檐不增加。基础长度：外墙按外墙中心线，内墙按内墙净长线计算。工作内容：砂浆制作、运输；砌砖；防潮层铺设；材料运输。具体见表1-2-2。

表1-2-2 砖基础清单项目

项目编码	项目名称	项目特征	计量单位	工程量计算规则	工作内容
010401001	砖基础	1. 砖品种、规格、强度等级 2. 基础类型 3. 砂浆强度等级 4. 防潮层材料种类	m^3	按设计图示尺寸以体积计算。 包括附墙垛基础宽出部分体积，扣除地梁（圈梁）、构造柱所占体积，不扣除基础大放脚T形接头处的重叠部分及嵌入基础内的钢筋、铁件、管道、基础砂浆防潮层和单个面积≤0.3 m^{2}的孔洞所占体积，靠墙暖气沟的挑檐不增加。 基础长度：外墙按外墙中心线，内墙按内墙净长线计算	1. 砂浆制作、运输 2. 砌砖 3. 防潮层铺设 4. 材料运输

1）根据“计算规范”确定砖基础的项目编码、项目名称。

2）根据计算规则计算工程量：

外墙砖基础长：$L_{外}$=（4.2+2.4+4.2）×2=21.60（m）

内墙砖基础长：$L_{内}$=4.2−0.24=3.96（m）

外墙砖基础 =（0.24×1.0+0.062 5×5×0.126×4）×21.6=8.58（m^3）

内墙砖基础 =（0.24×1.0+0.062 5×5×0.126×4）×3.96=1.57（m^3）

工程量为：8.58+1.57=10.15（m^3）

3）根据“计算规范”，结合工程实际描述项目特征。

4）将结果填入表1-2-3砖基础分部分项工程量清单表。

表1-2-3 砖基础分部分项工程量清单

项目编码	项目名称	项目特征	计量单位	工程量
010401001001	砖基础	1. 砖品种、规格、强度等级：机制标准红砖240 mm×115 mm×53 mm 2. 基础类型：带形基础 3. 砂浆强度等级：水泥砂浆M5.0 4. 防潮层材料种类：防水砂浆20 mm厚	m^3	10.15

（2）综合单价的确定（正算）：

笔记

1）确定工作内容：砌筑基础、抹防潮层。

2）计算各工作内容的工程数量：

砌筑基础：10.15（m^3）；

图文：山东省人工、材料、机械台班单价

抹防潮层：（21.6+3.96）×0.24=6.13（m^2）。

3）计算含量：

砌筑基础：10.15÷10.15=1.00；

抹防潮层：6.13÷10.15=0.60。

4）选套定额：

砌筑基础：4–1–1；抹防潮层：9–2–69。

5）选择单价：选用《山东省建筑工程价目表（2017）》。

4–1–1 M5.0 水泥砂浆砌砖基础，增值税（一般计税）定额单位的单价为 3 493.09 元 /（10 m^3），其中人工费 1 042.15 元 /（10 m^3），材料费 2 403.63 元 /（10 m^3），机械费 47.31 元 /（10 m^3）。

9–2–69 防水砂浆掺防水粉厚 20 mm，增值税（一般计税）定额单位的单价为 170.76 元 /（10 m^2），其中人工费 78.85 元 /（10 m^2），材料费 86.39 元 /（10 m^2），机械费 5.52 元 /（10 m^2）。

图文：山东省建筑工程价目表

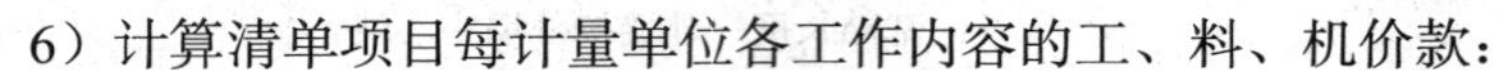

6）计算清单项目每计量单位各工作内容的工、料、机价款：

①砌筑基础：

人工费：1 042.15÷10×1.00=104.215（元）

材料费：2 403.63÷10×1.00=240.363（元）

机械费：47.31÷10×1.00=4.731（元）

合计：349.309（元）

或者 3 493.09÷10×1.00=349.309（元）

②抹防潮层：

图文：山东省建设工程费用项目组成及计算规则

人工费：78.85÷10×0.6=4.731（元）

材料费：86.39÷10×0.6=5.183（元）

机械费：5.52÷10×0.6=0.331（元）

合计：10.25（元）

或者 170.76÷10×0.6=10.25（元）

7）计算清单项目每计量单位的工、料、机价款：349.309+10.25=359.56（元）。其中，人工费为 104.215+4.731=108.95（元）。

8）确定管理费费率、利润率。本例题采用指导费率，山东省建设项目费用组成及计算规则中Ⅲ类工程的企业管理费费率和利润率分别为 25.6%、15.0%。

9）计算综合单价。以人工费为取费基数：

359.56+108.95×（25.6%+15.0%）=403.79（元）。

做一做

结合附录“1 号办公楼”建筑及结构施工图纸、招标人提供的工程量清单见表 1–2–4，确定砌块墙的综合单价与合价，并将计算结果填入表中。

表 1-2-4　分部分项工程量清单与计价表

序号	项目编码	项目名称	项目特征描述	计量单位	工程量	金额 / 元		
						综合单价	合价	其中 暂估价
1	010402001001	砌块墙	1．墙体类型：轻质砌块内墙 2．墙体厚度：200 mm 3．砂浆强度等级：混合砂浆 M5.0 4．砖、砌块品种、规格：加气混凝土块 585 mm×200 mm×240 mm	m^3	124.32			

课堂训练答案一砌块墙

1.2.2　确定措施项目费

措施项目费的计算方法一般有以下几种。

1．定额分析法

定额分析法是指凡是可以套用定额的项目，通过先计算工程量，然后套用定额分析出工料机消耗量，最后根据各项单价和费率计算出措施项目费的方法。例如，脚手架搭拆费可以根据施工图计算出搭设的工程量，然后套用定额，选定单价和费率，计算出除规费和税金外的全部费用。

2．系数计算法

系数计算法是采用与措施项目有直接关系的分部分项清单项目费为计算基础（或以分部分项工程的省价人工费之和为计算基础），乘以措施项目费系数，求得措施项目费。例如，临时设施费可以按分部分项清单项目费乘以选定的系数（或百分率）计算出该项目费用。计算措施项目费的各项系数是根据已完工程的统计资料，通过分析计算得到的。

3．方案分析法

方案分析法是通过编制具体措施实施方案，对方案所涉及的各项费用进行分析计算后，汇总成某个措施项目费。

想一想

冬雨期施工费采用以上哪种方法计算较为合适？

写下关键词：

笔记

1.2.3 确定其他项目费

招标人部分的其他项目费可按估算金额确定。投标人部分的总承包服务费应根据招标人提出的要求，按所发生的费用确定。计日工项目费应根据“计日工表”确定。

其他项目清单中的暂列金额为预测和估算数额，虽在投标时计入投标人的报价中，但不应视为投标人所有。竣工结算时，应按承包人实际完成的工作内容结算，剩余部分仍归招标人所有。

1.2.4 确定规费和税金

规费应该根据国家、省级政府和有关职能部门规定的项目、计算方法、计算基数、费率进行计算。

税金应按照国家税法或地方政府及税务部门依据职权对税种进行调整规定的项目、计算方法、计算基数、税率进行计算。

1.2.5 确定工程量清单报价

1．工程量清单计价的费用构成

图文：山东省建筑工程消耗量定额（上）

工程量清单计价是一种确定建筑产品价格的计价方式。现行的“计价规范”将工程量清单计价表达为分部分项工程费、措施项目费、其他项目费、规费和税金五部分费用。

（1）分部分项工程费。分部分项工程费包括以下三部分费用：

1）直接用于工程实体所消耗的各项费用，包括人工费、材料费、机械台班费等。

2）不构成工程实体而在工程管理中必然发生的管理费。

3）利润和风险费。

（2）措施项目费。措施项目费是指有助于工程实体构成的各项费用，包括安全文明施工、夜间施工、临时设施、脚手架搭设等各项费用。

（3）其他项目费。其他项目费是指工程建设中预计发生的有关费用，一般包括暂列金额、材料暂估价、总承包服务费、计日工费等。

（4）规费。规费是指行政主管部门规定工程建设中必须缴纳的各项费用，包括工程排污费、社会保险费、住房公积金等。

图文：山东省建筑工程消耗量定额（下）

（5）税金。税金是指按国家税法和相关文件规定，应计入工程造价的增值税。

2．工程量清单计价模式的基本理论

（1）市场竞争理论。竞争是市场经济的有效法则，是市场经济有效性的根本保证。市场机制正是通过优胜劣汰的竞争，迫使企业降低成本、提高质量、改善管理、积极创新，从而达到提高效率、优化资源配置的目的。

（2）市场均衡理论。经济学认为，价格由供求关系决定，即商品的价格由市场供求均衡时的价格确定。市场均衡理论是工程量清单计价方式的重要基础理论。

（3）“计价规范”。“计价规范”是工程量清单计价的标准，具有强制性，施工企业必须遵守执行。这一特性使得各施工企业在同一个平台上进行竞争。

此规范的重要作用是统一规定了工程量清单由分部分项工程量清单、措施项目清单、其他项目清单、规费项目清单和税金项目清单五部分内容构成；统一规定了工程量清单报价由分部分项工程费、措施项目费、其他项目费、规费和税金五部分费用构成；统一规定了分部分项工程量清单的专业划分、项目名称、项目编码、项目特征、计量单位、工作内容和工程量计算规则。这三个方面的统一，搭起了一个规范的竞争平台。各投标人根据这一平台编制的工程量清单进行报价，具有较大的透明度，业主可以较容易地判断各投标人报价的高低情况，从而确定中标价。

（4）工程量清单计价方式确定工程造价的数学模型。

工程造价 = 分部分项工程费 + 措施项目费 + 其他项目费 + 规费 + 税金

其中：

$$\text{分部分项工程费} = (\text{清单工程量} \times \text{综合单价})_i$$

$$\text{综合单价} = \left[\sum_{i=1}^{n} (\text{计价工程量} \times \text{定额用工量} \times \text{人工单价})_i + \sum_{j=1}^{n} (\text{计价工程量} \times \text{定额材料消耗量} \times \text{材料单价})_j + \sum_{k=1}^{n} (\text{计价工程量} \times \text{定额机械台班消耗量} \times \text{台班单价})_k \right] \times (1+\text{管理费费率} + \text{利润率}) \div \text{清单工程量}$$

措施项目清单费 = 安全施工费 + 临时设施费 +…+ 脚手架费

其他项目清单费 = 暂列金额 + 总承包服务费 +…+ 计日工费

规费 = 工程排污费 + 住房公积金 +…+ 社会保险费

税金 =（分部分项工程费 + 措施项目费 + 其他项目费 + 规费）× 税率

3．工程量清单报价的编制程序

上述工程量清单计价的数学模型反映了编制工程量清单的本质特征，同时，也反映了工程量清单报价的编制程序。

（1）工程量清单报价的编制依据。

1）“计价规范”和“计算规范”。“计价规范”指的是《建设工程工程量清单计价规范》（GB 50500—2013），“计算规范”指的是《房屋建筑与装饰工程工程量计算规范》（GB 50854—2013）。

“计算规范”中的项目编码、项目名称、计量单位、计算规则、项目特征描述、工作内容等，是计算清单工程量和计算计价工程量的依据。“计价规范”中的费用划分是计算综合单价、措施项目费、其他项目费、规费和税金的依据。

2）工程招标文件。工程招标文件包括对拟建工程的技术要求、分包要求、材料供货方式的要求等，是确定分部分项工程量清单、措施项目清单、其他项目清单的依据。

3）建设工程设计文件及相关资料。建设工程设计文件是计算清单工程量、

笔记

计价工程量、措施项目清单等的依据。

4）企业定额，国家或省级、行业建设主管部门颁发的计价定额。这些定额是计算计价工程量、进行工料机消耗量的分析，从而确定综合单价的依据。

5）工料机市场价。工料机市场价是计算综合单价的依据。

6）工程造价管理机构发布的管理费费率、利润率、规费费率、税率等造价信息，分别是计算管理费、利润、规费和税金的依据。

（2）工程量清单报价的编制内容。

1）计算清单工程量（一般由招标人提供）；

2）计算计价工程量；

3）根据计价工程量套用计价定额或有关消耗量定额进行工料分析；

4）确定工料机单价；

5）分析和计算清单工程量的综合单价；

6）计算分部分项工程费；

7）计算措施项目费；

8）计算其他项目费；

9）计算规费和税金；

10）汇总工程量清单报价。

（3）工程量清单报价编制程序。工程量清单报价编制程序，如图 1–2–2 所示。

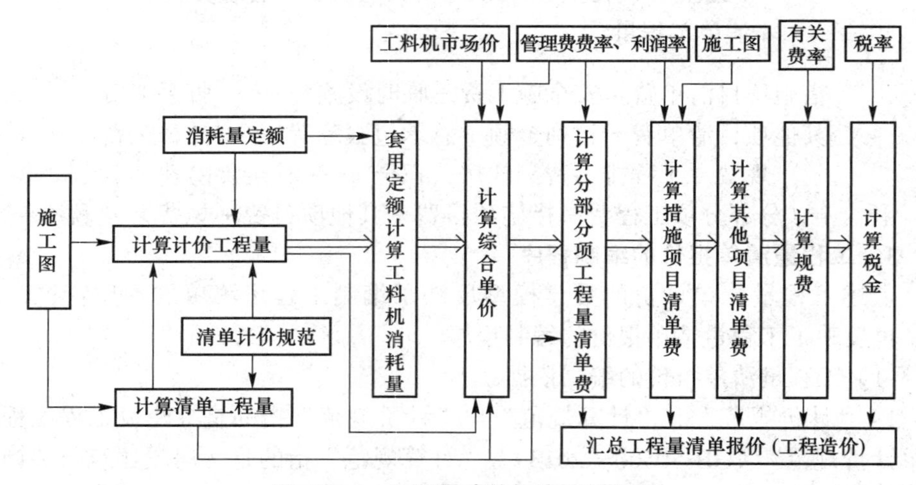

图 1–2–2　工程量清单报价编制程序

微课：工程量清单计价编制步骤

4．工程量清单计价编制步骤

（1）根据清单计价及计算规范、招标文件、工程量清单、施工图、施工方案、消耗量定额计算计价工程量。

（2）根据清单计价及计算规范、工程量清单、消耗量定额、工料机市场价、计价工程量等分析和计算综合单价。

（3）根据工程量清单和综合单价计算分部分项工程费。

（4）根据措施项目清单和确定的计算基础及费率计算措施项目费。

（5）根据其他项目清单和确定的计算基础及费率计算其他项目费。

（6）根据规费和税金项目清单与确定的计算基础及费（税）率计算规费和税金。

（7）将上述分部分项工程量清单计价表、措施项目清单计价表、其他项目清单计价表、规费和税金项目清单计价表的合计金额填入单位工程投标报价汇总表，计算出单位工程投标报价。单位工程投标报价汇总表见表 1-2-5。

（8）将单位工程投标报价汇总表合计数汇总到单项工程投标报价汇总表。

（9）编写总说明。

（10）填写投标总价封面。

表 1-2-5　单位工程投标报价汇总表

工程名称：　　　　　　　　　　　　标段　　　　　　　　　　　　第　页　共　页

序号	汇总内容	金额 / 元	其中：暂估价 / 元
1	分部分项工程		
1.1			
1.2			
2	措施项目		—
2.1	其中：安全文明施工费		—
3	其他项目		—
3.1	其中：暂列金额		—
3.2	其中：专业工程暂估价		—
3.3	其中：计日工		—
3.4	其中：总承包服务费		—
4	规费		—
5	税金		—
单位工程费用合计 =1+2+3+4+5			—
注：本表适用单位工程招标控制价或投标报价的汇总			

1.2.6　编制封面及总说明

1．投标报价编制的封面及总说明

（1）投标报价封面使用的表格包括封 -3、扉 -3。

（2）扉页应按规定的内容填写、签字、盖章，除承包人自行编制的投标报价和竣工结算外，受委托编制的招标控制价、投标报价、竣工结算，由造价员编制的应有负责审核的造价工程师签字、盖章及工程造价咨询人盖章。

（3）总说明应按下列内容填写：

1）工程概况：建设规模、工程特征、计划工期、合同工期、实际工期、施工现场及变化情况、施工组织设计的特点、自然地理条件、环境保护要求等。

2）编制依据等。

2．表格格式

投标报价封面格式见表 1-2-6、表 1-2-7。

笔记

表 1-2-6　投标总价封面

<table><tr><td>

______________________________工程

投标总价

投标人：______________________________
（单位盖章）

年　月　日

</td></tr></table>

封 -3

笔记

表 1-2-7 投标总价扉页

投标总价

招标人：

工程名称：

投标总价（小写）：

（大写）：

投标人：

（单位盖章）

法定代表人或其授权人：

（签字或盖章）

编制人：

（造价人员签字盖专用章）

时 间： 年 月 日

扉 -3

笔记

任务总结

工程量清单计价的编制内容如下：

（1）计算清单项目的综合单价；

（2）计算分部分项工程费，填写分部分项工程量清单与计价表；

（3）计算措施项目费，填写措施项目清单计价表（包括总价措施项目表和单价措施项目表）；

图文：山东省建设工程消耗量定额与工程量清单衔接对照表

（4）计算其他项目费，填写其他项目清单计价汇总表（包括暂列金额明细表、材料暂估单价表、专业工程暂估价表、计日工表、总承包服务费计价表）；

（5）计算规费、税金，填写规费、税金项目清单计价表；

（6）计算并填写单位工程投标报价汇总表；

（7）计算并填写单项工程投标报价汇总表；

（8）编写总说明；

（9）填写投标总价封面。

实践训练与评价

1．实践训练

用反算法计算任务描述中砖基础分部分项工程的综合单价。将学习成果填入表 1-2-8 分部分项工程量清单与计价表中。

（1）工程量计算过程：

（2）综合单价确定过程：

实践训练答案一砖基础

（3）填写分部分项工程量清单与计价表 1-2-8。

表 1-2-8　分部分项工程量清单与计价表

序号	项目编码	项目名称	项目特征	计量单位	工程量	金额/元	
						综合单价	合价

2．任务评价

本任务配分权重见表 1-2-9。

表 1-2-9　本任务配分权重表

任务内容		评价指标		配分	得分
分部分项工程量清单报价（100%）	1	确定工作内容	确定砖基础的工作内容准确	20	
	2	工程量计算	砖基础计价工程量计算准确	30	
	3	套取定额	套取砖基础定额子目合理	20	
	4	综合单价计算	砖基础综合单价计算流程准确、报价合理	20	
	5	工作态度	工作认真严谨，一丝不苟	10	

笔记

项目 2　建筑工程分部分项工程量清单编制与计价

项目导读

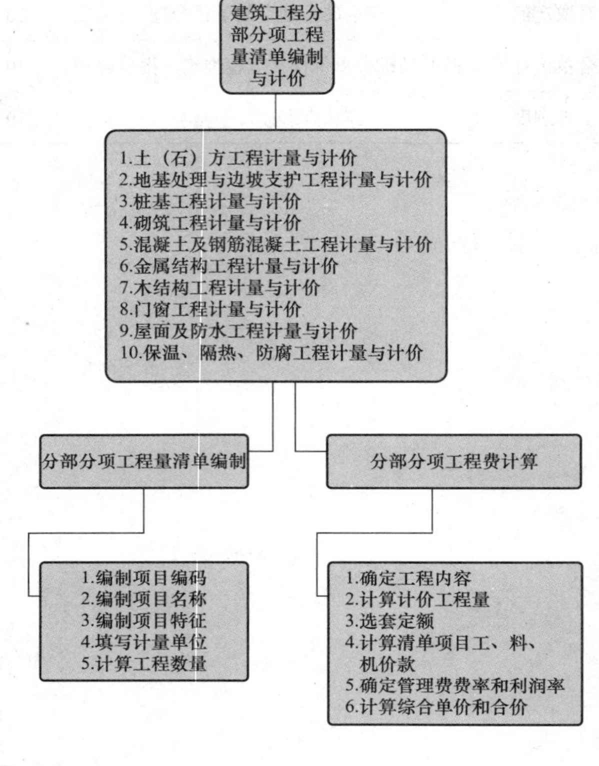

笔记

项目目标

	知识目标	能力目标
项目目标	1．熟悉建筑工程各分部分项的适用范围； 2．掌握建筑工程各分部分项的清单工程量计算规则； 3．掌握建筑工程各分部分项的项目特征描述方法； 4．掌握建筑工程各分部分项工程量清单的编制方法； 5．掌握建筑工程各分部分项的计价工程量计算规则； 6．掌握建筑工程各分部分项的综合单价和合价的计算方法	1．能够正确描述各分部分项工程的项目特征； 2．能够准确编制实际工程各分部分项工程量清单； 3．能够合理确定实际工程各分部分项工程的综合单价和合价； 4．能够自觉遵守法律、法规及技术标准规定； 5．能够和同学及教学人员建立良好的合作关系； 6．具有实事求是、客观公正的职业素养和精益求精的工匠精神

任务 2.1　土（石）方工程计量与计价

任务目标

1．熟悉平整场地、挖一般土方、挖沟槽土方、挖基坑土方的适用范围；
2．掌握平整场地的工程量计算规则；
3．掌握挖一般土方的工程量计算方法，重点掌握方格网法；
4．掌握挖基础土方的工程量计算规则；
5．熟悉土石方回填的几种方式及工程量的计算方法；
6．能够正确描述各分部分项工程的项目特征；
7．能够准确编制实际工程各分部分项工程量清单；
8．能够合理确定各分部分项工程的综合单价和合价。

任务描述

某工程如图 2-1-1 ～图 2-1-3 所示。基础类型为条形混凝土基础，垫层为混凝土垫层。根据招标人提供的资料：土壤为普通土，现场地面无积水，也无地表水，无须支挡土板，不需要基底钎探，挖土就地堆放。试编制场地平整、土方开挖工程量清单并进行报价。

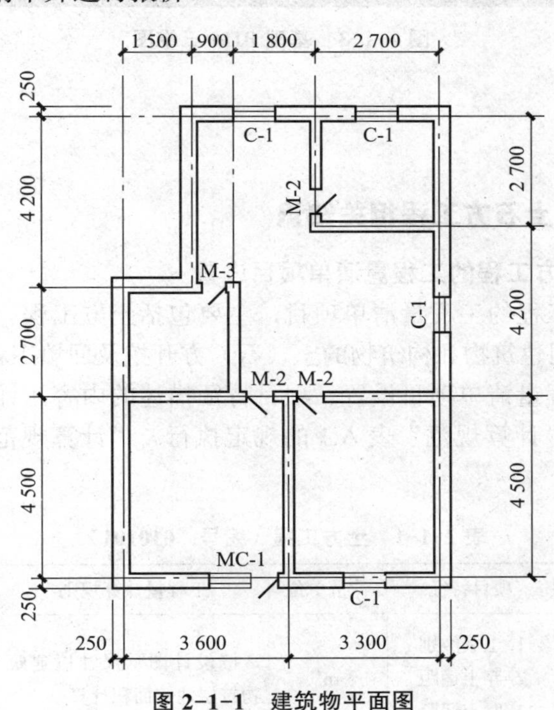

图 2-1-1　建筑物平面图

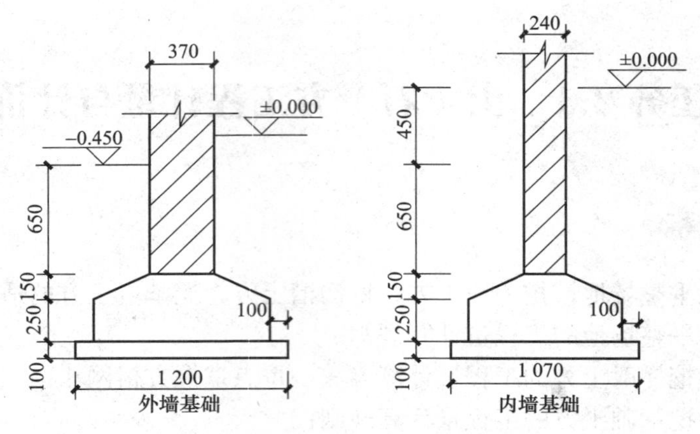

图 2–1–2　基础剖面图

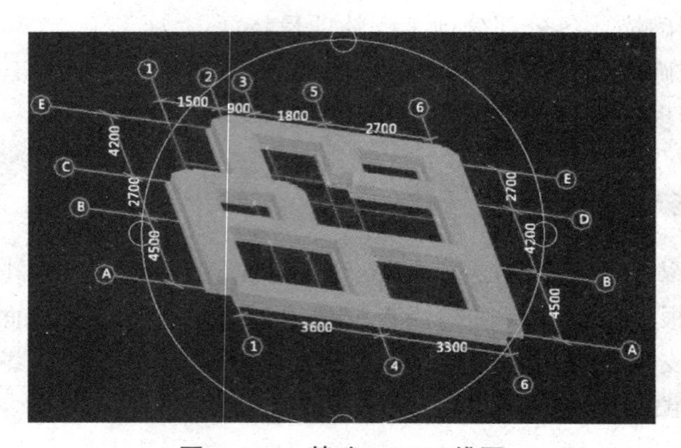

图 2–1–3　基础 BIM 三维图

笔记

任务实施

2.1.1　学习土石方工程相关知识

1．土（石）方工程的工程量清单项目设置

土（石）方工程的工程量清单项目，主要包括土方工程、石方工程和回填三部分内容，适用建筑物和构筑物的土（石）方开挖及回填工程。

土方工程工程量清单项目设置、项目特征描述的内容、计量单位及工程量计算规则，应按“计算规范”表 A.1 的规定执行。“计算规范”表 A.1 的部分内容见表 2–1–1。

表 2–1–1　土方工程（编号：010101）

项目编码	项目名称	项目特征	计量单位	工程量计算规则	工作内容
010101001	平整场地	1. 土壤类别 2. 弃土运距 3. 取土运距	m^2	按设计图示尺寸以建筑物首层建筑面积计算	1. 土方挖填 2. 场地找平 3. 运输

续表

项目编码	项目名称	项目特征	计量单位	工程量计算规则	工作内容
010101002	挖一般土方	1. 土壤类别 2. 挖土深度 3. 弃土运距	m^3	按设计图示尺寸以体积计算	1. 排地表水 2. 土方开挖 3. 围护（挡土板）及拆除 4. 基底钎探 5. 运输
010101003	挖沟槽土方			按设计图示尺寸以基础垫层底面积乘以挖土深度计算	
010101004	挖基坑土方				

2．土（石）方工程的分部分项工程量清单编制方法

（1）平整场地。

1）基本概念。平整场地项目是指建筑物场地厚度在 ±300 mm 以内的挖、填、运、找平及由招投标人指定距离内的土方运输。

平整场地与挖土方、填土方之间的关系示意如图 2-1-4 所示。

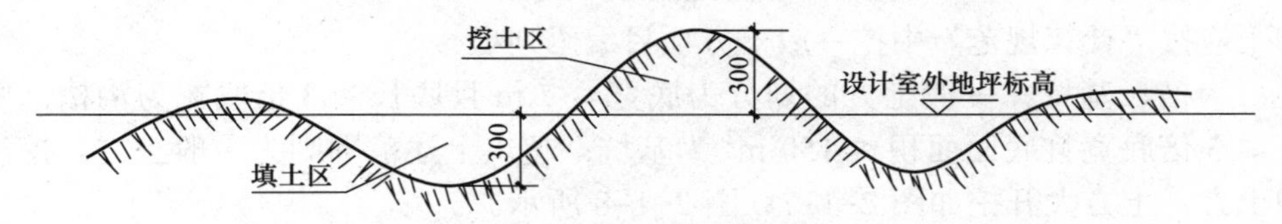

图 2-1-4　平整场地与挖土方、填土方之间的关系示意

2）工作内容。平整场地的工作内容包括土方挖填、场地找平、运输。

3）项目特征。平整场地的其他项目特征包括以下几项：

①土的类别。按“计算规范”的土壤分类表及岩石分类表和施工场地的实际情况确定土壤类别。

②弃土运距。按施工场地的实际情况和当地弃土地点确定弃土运距。

③取土运距。按施工场地的实际情况和当地取土地点确定取土运距。

4）计算规则。平整场地按设计图示尺寸以建筑物首层建筑面积计算。

5）计算方法。

平整场地工程量（m^2）= 建筑物首层面积

取（弃）土工程量（m^3）=±300 mm 内挖方量－填方量

注：应标明取（弃）土运距。

笔记

做一做

某住宅工程首层的外墙外边尺寸如图 2-1-5 所示，该场地在 ±300 mm 内挖填找平，经计算需取土 7.5 m^3 回填，取土距离为 2 km，试计算人工平整场地工程量。

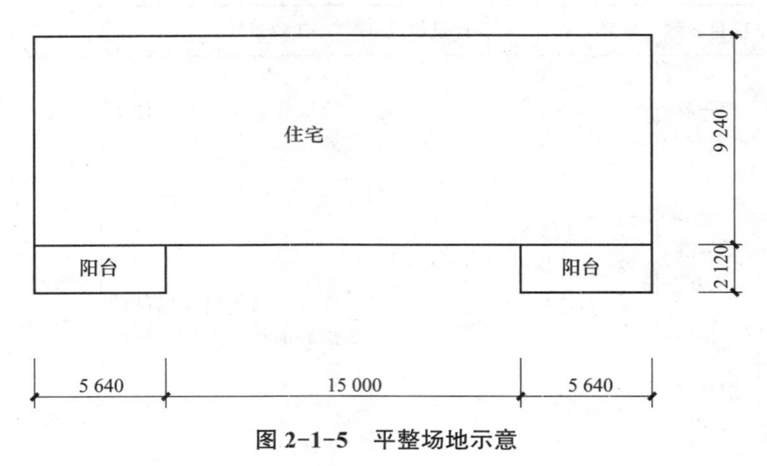

图 2-1-5　平整场地示意

（2）挖一般土方。

1）适用范围。挖一般土方是指室外地坪标高 300 mm 以上竖向布置的挖土或山坡切土，包括由招标人指定运距的土方运输项目（图 2-1-6）。

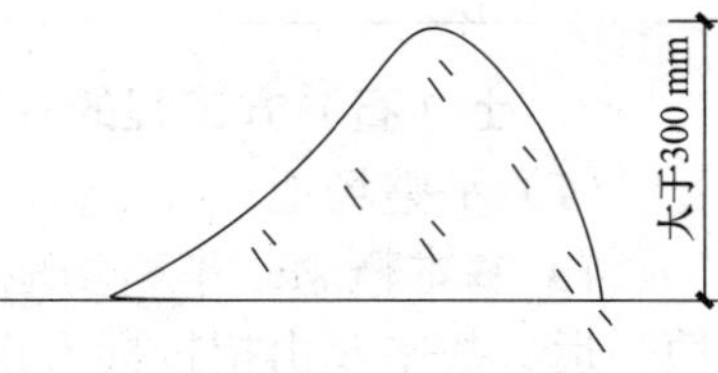

图 2-1-6　挖一般土方示意

厚度＞ ±300 mm 的竖向布置挖土或山坡切土应按“计算规范”中挖一般土方项目编码列项。

沟槽、基坑、一般土方的划分为底宽≤ 7 m 且底长＞ 3 倍底宽为沟槽；底长≤ 3 倍底宽且底面面积≤ 150 m^2 为基坑；超出上述范围则为一般土方。挖沟槽土方、土方大开挖如图 2-1-7、图 2-1-8 所示。

图 2-1-7　挖沟槽土方

图 2-1-8　土方大开挖

2）工作内容。挖土方工作内容包括排地表水、土方开挖、围护（挡土板）及拆除、基底钎探、运输等。

3）项目特征。土方开挖的项目特征包括以下几项：

①土壤类别；

②挖土深度；

③弃土运距。

4）计算规则。挖一般土方工程量按设计图示尺寸以体积计算。

5）计算方法。

①地形起伏变化不大时，采用平均厚度乘以挖土面积的方法计算土方工程量。

②地形起伏变化较大时，采用方格网法或断面法计算挖土方工程量。

③需按拟建工程实际情况确定运土方距离。

6）计算实例。

【例 2-1-1】 某拟建工程场地的大型土方方格网图如图 2-1-9 所示，图中方格网的边长为 30 m，括号内为设计标高，无括号为地面实测标高，单位为 m。试求施工标高、零线和土方工程量。

1 (43.24) 43.24	2 (43.44) 43.72	3 (43.64) 43.93	4 (43.84) 44.09	5 (44.04) 44.56
I	II	III	IV	
6 (43.14) 42.70	7 (43.34) 43.34	8 (43.54) 43.70	9 (43.74) 44.00	10 (43.94) 44.25
V	VI	VII	VIII	
11 (43.04) 42.35	12 (43.24) 42.36	13 (43.44) 43.18	14 (43.64) 43.43	15 (43.84) 43.89

图 2-1-9 某场地的土方方格网

【解】 ①求施工标高。施工标高 = 地面实测标高 − 设计标高。

②求零线。先求零线，从图 2-1-10 中可知 1 和 7 为零点，还需求 8 ～ 13、9 ～ 14、14 ～ 15 线上的零点，如 8 ～ 13 线上的零点为

x=ah1 ÷（h1 ＋ h2）=30×0.16/（0.26+0.16）=11.4

另一段为 a−x=30−11.4=18.6

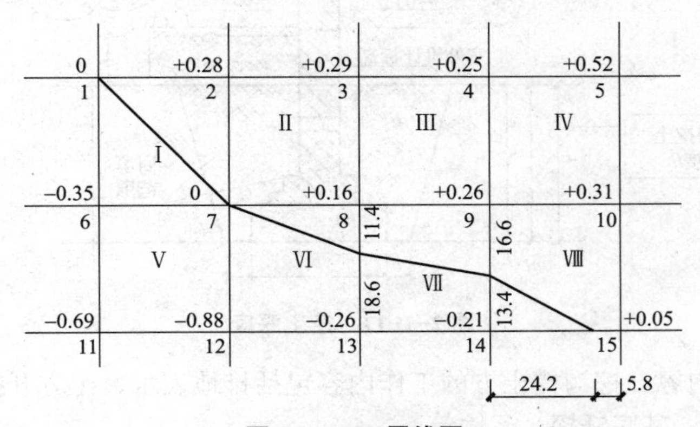

图 2-1-10 零线图

求出零点后，连接各零点即零线（图 2-1-10），图上折线为零线，以上为挖方区，以下为填方区。

③求土方量。计算见表 2-1-2。

笔记

表 2-1-2　土方工程量计算表

方格编号	挖方（+）	填方（-）
Ⅰ	0.5×30×30×0.28/3=42	0.5×30×30×0.35/3=52.5
Ⅱ	30×30×（0.29+0.16+0.28）/4=164.25	
Ⅲ	30×30×（0.25+0.26+0.16+0.29）/4=216	
Ⅳ	30×30×（0.52+0.31+0.26+0.25）/4=301.5	
Ⅴ		30×30×（0.88+0.69+0.35）/4=432
Ⅵ	0.5×30×11.4×0.16÷3=9.12	0.5×（30+18.6）×30×（0.88+0.26）÷4=207.77
Ⅶ	0.5×（11.4+16.6）×30×（0.16+0.26）÷4=44.10	0.5×（13.4+18.6）×30×（0.21+0.26）÷4=56.40
Ⅷ	[30×30-（30-5.8）×（30-16.6）÷2]×（0.26+0.31+0.05）÷5=91.49	0.5×13.4×24.2×0.21÷3=11.35
合计	868.46 m^3	760.02 m^3

（3）挖沟槽土方。

1）开挖深度。竖向土方、山坡切土开挖深度应按基础垫层底表面标高至交付施工场地标高确定，无交付施工场地标高时，应按自然地面标高确定，如图 2-1-11 所示。

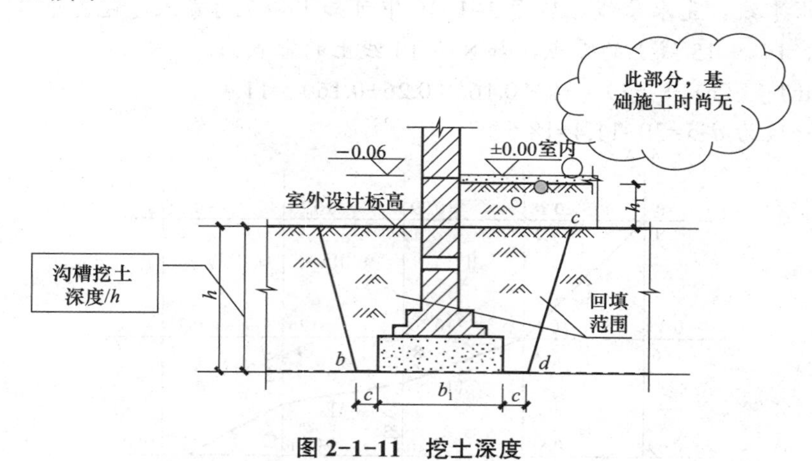

图 2-1-11　挖土深度

2）工作内容。挖沟槽土方的工作内容包括排地表水、土方开挖、围护（挡土板）及拆除、基底钎探、运输等。

3）项目特征。挖基础土方的项目特征包括以下几项：

①土壤类别；

②挖土深度；

③弃土运距。

4）计算规则。挖沟槽土方工程量按设计图示尺寸以基础垫层底面积乘以挖土深度计算。

5）有关说明。

①沟槽、基坑、一般土方的划分为底宽≤ 7 m且底长＞ 3 倍底宽为沟槽；底长≤ 3 倍底宽且底面面积≤ 150 m^2 为基坑；

②挖土方如需截桩头时，应按桩基工程相关项目编码列项。

③弃、取土运距可以不描述，但应注明由投标人根据施工现场实际情况自行考虑，决定报价。

④土壤的分类应按“计算规范”表 A.1-1 确定，如土壤类别不能准确划分时，招标人可注明为综合，由投标人根据地勘报告决定报价。

6）计算实例。

【例 2-1-2】 某工程毛石基础如图 2-1-12 所示，底宽为 1 000 mm，槽深为 1 000 mm，根据招标人提供的地质资料为三类土壤。查看现场无地面积水，地面已平整，并达到设计地面标高，假设基础场地为 10.00 m。试编制分部分项工程量清单并确定综合单价。

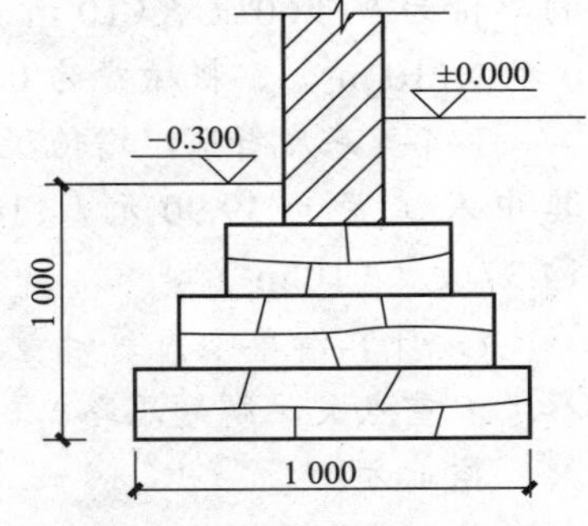

图 2-1-12 某工程毛石基础

【解】 ①挖沟槽土方分部分项工程量清单的编制。

根据“计算规范”表 A.1 土方工程确定项目编码：010101003001。项目名称：挖沟槽土方。项目特征：土壤类别：三类土；挖土深度：1.00 m。计量单位为 m^3。

工程量计算规则：按设计图示尺寸以基础垫层底面积乘以挖土深度计算。

工作内容：排地表水；土方开挖；围护（挡土板）拆除；基底钎探；运输。

工程量 =1.00×1.00×10.00=10.00（m^3）

将上述结果及相关内容填入分部分项工程量清单表格中，见表 2-1-3。

表 2-1-3 分部分项工程量清单表

项目编码	项目名称	项目特征	计量单位	工程量
010101003001	挖沟槽土方	1. 土壤类别：三类土 2. 挖土深度：1.00 m 3. 弃土运距：投标人根据施工现场情况自行考虑	m^3	10.00

②挖沟槽土方综合单价的确定。

a. 该项目发生的工作内容为：挖土方、基底钎探。

b. 根据《山东省建筑工程消耗量定额》（2016）计算规则，计算计价工程量。

挖土方：（1.00+0.25×2）×1.00×10.00=15.00（m^3）

注：上式中 0.25 为毛石基础施工单面工作面宽度。

基底钎探：按垫层（或基础）底面面积计算，为：1.00×10.00=10.00（m^2）。

笔记

c．分别计算清单项目每计量单位应包含的各项工作内容的工程量。

挖土方：15/10=1.5（m^3）

基底钎探：10/10=1（m^2）

d．根据本省定额选套定额子目，确定工、料、机消耗量。

挖土方：套定额 1–2–8

基底钎探：套定额 1–4–4

e．工、料、机单价选用山东省信息价（或其他省信息价或市场价）。

1–2–8 人工挖沟槽（槽深）2 m 以内坚土，增值税（一般计税）定额单位的单价为 672.60 元 /（10 m^3），其中人工费为 672.60 元 /（10 m^3）、材料费为 0 元 /（10 m^3）、机械费为 0 元 /（10 m^3）。

1–4–4 基底钎探，增值税（一般计税）定额单位的单价为 60.97 元 /（10 m^2），其中人工费为 39.90 元 /（10 m^2）、材料费为 6.70 元 /（10 m^2）、机械费为 14.37 元 /（10 m^2）。

f. 计算清单项目每计量单位所含各项工作内容工、料、机价款（价格仅供参考，重点关注解题思路）。

挖土方：

人工费：67.260×1.5=100.89（元）

材料费：0×1.5=0.00（元）

机械费：0×1.5=0.00（元）

小计：100.89（元）

基底钎探：

人工费：3.990×1=3.99（元）

材料费：0.67×1=0.67（元）

机械费：1.437×1=1.437（元）

小计：3.99+0.67+1.437=6.10（元）

g. 清单项目每计量单位工、料、机价款。

100.89+6.10=106.99（元），其中人工费 =100.89+3.99=104.88（元）。将上述结果及相关内容填入表 2–1–4。

表 2–1–4　计算结果表

项目名称及项目特征	工作内容	定额编号	计量单位	数量	费用构成 / 元			
					人工费	材料费	机械费	小计
挖沟槽土方 1. 土壤类别：三类土 2. 挖土深度：1.00 m	挖土方	1–2–8	m^3	1.5	100.89	—	—	100.89
	钎探	1–4–4	m^2	1	3.99	0.67	1.437	6.10
合计					104.88	0.67	1.437	106.99

根据企业情况确定管理费费率为 25.6%，利润率为 15.0%，则综合单价 =106.99+104.88×（25.6%+15%）=149.57（元），分部分项工程量清单计价表见表 2–1–5。

表 2-1-5　分部分项工程量清单计价表

序号	项目编码	项目名称	项目特征	计量单位	工程量	金额 / 元	
						综合单价	合价
1	010101003001	挖沟槽土方	1．土壤类别：三类土 2．挖土深度：1.00 m 3．弃土运距：投标人根据施工现场情况自行考虑	m^3	10.00	149.57	1 495.70

（4）石方工程。

1）挖一般石方。挖一般石方按设计图示尺寸以体积计算。

2）挖沟槽石方。挖沟槽石方按设计图示尺寸沟槽底面面积乘以挖石深度以体积计算。

3）挖基坑石方。挖基坑石方按设计图示尺寸基坑底面面积乘以挖石深度以体积计算。

4）有关说明。

①挖石应按自然地面测量标高至设计地坪标高的平均厚度确定。基础石方开挖深度应按基础垫层底表面标高至交付施工现场地标高确定，无交付施工场地标高时，应按自然地面标高确定。

②厚度＞ ±300 mm 的竖向布置挖石或山坡凿石应按挖一般石方项目编码列项。

③沟槽、基坑、一般石方的划分为底宽≤ 7 m 且底长＞ 3 倍底宽为沟槽；底长≤ 3 倍底宽且底面面积≤ 150 m^2 为基坑；超出上述范围则为一般石方。

④弃碴运距可以不描述，但应注明由投标人根据施工现场实际情况自行考虑，决定报价。

（5）土（石）方回填。

1）基本概念。土（石）方回填是指场地回填、室内回填和基础回填及包括招标人指定运距内的取土运输。

2）工作内容。土（石）方回填的工作内容包括运输，回填，压实等。

3）项目特征。土（石）方回填的项目特征包括以下几项：

①密实度要求；

②填方材料品种；

③填方粒径要求；

④填方来源、运距。

4）计算规则。回填方按设计图示尺寸以体积计算。

①场地回填：回填面积乘以平均回填厚度；

②室内回填：主墙间面积乘回填厚度，不扣除间壁墙；

③基础回填：按挖方清单项目工程量减去自然地坪以下埋设的基础体积（包括基础垫层及其他构筑物）。

笔记

5）计算方法。

场地土（石）方回填工程量 = 回填面积 × 平均回填厚度

室内土（石）方回填工程量 = 主墙间净面积 × 回填厚度

基础土（石）方回填工程量 = 挖方体积 − 设计室外地坪以下埋设的垫层、构筑物和基础体积

做一做

根据图 2-1-13 所示的某平房建筑平面图及有关数据，计算室内回填土工程量。有关数据如下：

（1）室内外地坪高差 0.30 m；

（2）C15 混凝土地面垫层 80 mm 厚；

（3）1 ：2 水泥砂浆面层 25 mm 厚。

课堂训练答案—回填土

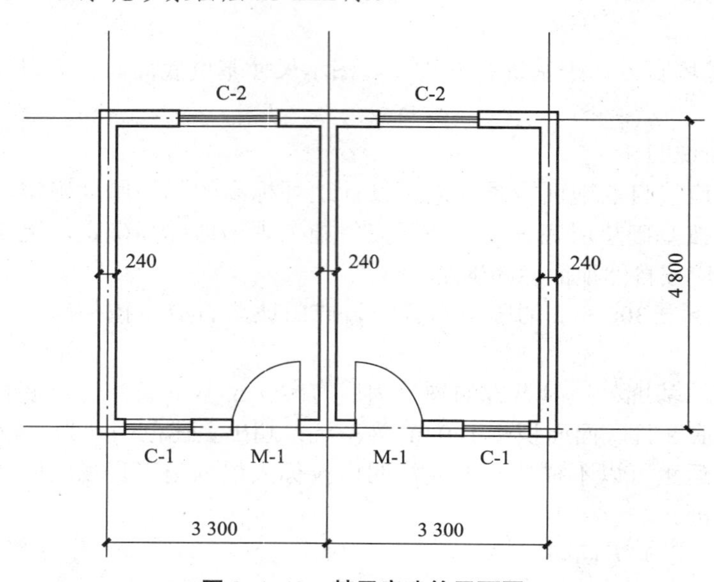

图 2-1-13　某平房建筑平面图

笔记

3．计算规范的有关规定

（1）土方体积折算系数。土方体积应按挖掘前的天然密实体积计算。如需按天然密实体积折算时，应按“计算规范”表 2-1-6 系数计算。

表 2-1-6　土方体积折算系数表

天然密实度体积	虚方体积	夯实后体积	松填体积
1.00	1.30	0.87	1.08
0.77	1.00	0.67	0.83
1.15	1.50	1.00	1.25
0.92	1.20	0.80	1.00

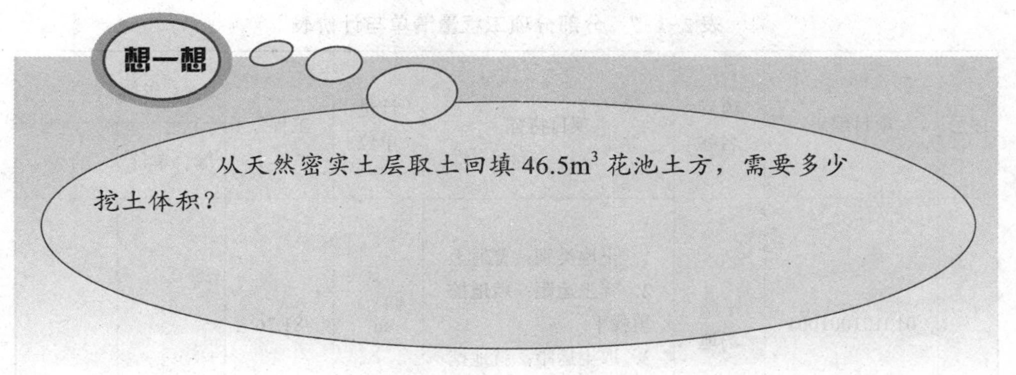

微课：平整场地清单编制

（2）挖土方平均厚度确定。挖土方平均厚度应按自然地面测量标高至设计地坪标高间的平均厚度确定。

竖向土方、山坡切土开挖深度应按基础垫层底表面标高至交付施工场地标高确定，无交付施工场地标高时，应按自然地面标高确定。

（3）挖基础土方工程量。挖沟槽、基坑、一般土方因工作面和放坡增加的工程量（管沟工作面增加的工程量），是否并入各土方工程量，按各省、自治区、直辖市或行业建设主管部门的规定实施，如并入各土方工程量，办理工程结算时，按经发包人认可的施工组织设计规定计算，编制工程量清单时，可按"计算规范"表A.1-3～表A.1-5规定计算。

（4）湿土划分。湿土划分应按地质资料提供的地下常水位为界，地下常水位以下为湿土。

微课：挖沟槽土方清单编制

（5）出现流砂、淤泥的处理方法。挖方出现流砂、淤泥时，应根据实际情况由发包人与承包人双方现场签证确认工程量。

2.1.2 土方工程量计算

任务描述中的工程量计算：

（1）场地平整=（3.6+3.3+0.25×2）×（4.5+4.2+2.7+0.25×2）−1.5×4.2=81.76（m^2）

（2）挖沟槽土方长度：

$L_{外}$=（3.6+3.3+0.065×2+4.5+4.2+2.7+0.065×2）×2=37.12（m）（中心线长）

$L_{内}$=3.6+3.3−（0.6−0.065）×2+4.5−1.07/2−（0.6− 0.065）+2.7+0.9−1.07/2−（0.6−0.065）+2.7+2.7−2×（0.6−0.065）=16.12（m）（净长）

（3）开挖深度=0.1+0.25+0.15+0.65=1.15（m）

（4）挖沟槽土方工程量=37.12×1.2×1.15+16.12×1.07×1.15=71.06（m^3）

2.1.3 土方分部分项工程量清单编制

任务描述中平整场地和挖沟槽土方的分部分项工程量清单见表2-1-7。

表 2-1-7　分部分项工程量清单与计价表

序号	项目编码	项目名称	项目特征	计量单位	工程量	金额 / 元	
						综合单价	合价
1	010101001001	平整场地	1．土壤类别：普通土 2．弃土运距：就地挖填找平 3．取土运距：就地挖填找平	m^2	81.76		
2	010101003001	挖沟槽土方	1．土壤类别：普通土 2．挖土深：1.15m 3．弃土运距：就地挖填找平	m^3	71.06		

2.1.4　土方综合单价确定

1．平整场地

（1）确定工作内容：人工平整场地。

（2）计算计价工程量：

山东省 2003 定额规定，平整场地按建筑物首层结构外边线，每边各加 2 m 计算。

为与“计量规范”附录 A 统一计算口径，山东省 2016 定额平整场地子目，综合了建筑物周边外扩 2 m 的人工或机械消耗。因此，平整场地按建筑物首层建筑面积计算。

平整场地计价工程量同清单工程量 81.76（m^2）。

（3）根据计价工程量套消耗量定额，选套定额：1-4-1，定额子目内容见表 2-1-8。

（4）进行工料分析：综合工日 81.76/10×0.42=3.434（工日）。

（5）选择单价：选用市场价（或选择 2017 年山东省价目表），如 95 元 / 工日。

（6）计算清单项目工、料、机价款：

人工费：3.434×95=326.23（元）

机械费：0

材料费：0

合计：326.23 元

（7）确定管理费费率、利润率分别为 25.6%、15.0%。

（8）合价 =326.23+326.23×（25.6%+15%）=458.68（元）

（9）综合单价：合价 ÷ 工程量 = 458.68÷81.76=5.61（元）

表 2-1-8　平整场地消耗量定额子目内容

工作内容：就地挖、填、平整。

定额编号			1-4-1
项目名称			人工平整场地 10 m²
名称		单位	消耗量
人工	综合工日	工日	0.42

2．挖沟槽土方

（1）确定工程内容：土方开挖。

（2）计算计价工程量：

$L_{外}$=37.12（m）

$L_{内}$=16.12（m）

$S_{外断面}$=（1+0.4×2）×1.15=2.07（m²）

$S_{内断面}$=（0.87+0.4×2）×1.15=1.92（m²）

工程量 =37.12×2.07+16.12×1.92=107.79（m³）

（3）根据计价工程量，套消耗量定额：

选套定额子目 1-2-6 土方开挖，定额子目内容见表 2-1-9。

（4）进行工料分析：

综合工日：3.52/10×107.79=37.94（工日）

（5）选择单价：选用市场价（选择 2017 年山东省价目表）。如人工 95 元 / 工日

（6）计算清单项目工、料、机价款：

人工费：37.94×95=3 604.30（元）

机械费：0 元

材料费：0 元

合计：3 604.30 元

（7）确定管理费费率、利润率分别为 25.6%、15.0%。

（8）合价 = 3 604.30+ 3 604.30 ×（25.6%+15%）=5 067.65（元）

（9）综合单价 = 合价 ÷ 工程量 = 5 067.65÷71.06=71.31（元）

表 2-1-9　人工挖沟槽消耗量定额子目内容

工作内容：挖土，弃土于槽边或装土，清底修边。　　　　计量单位：10 m³

定额编号			1-2-6
项目名称			人工挖沟槽土方（槽深）
			普通土
			≤ 2m
名称		单位	消耗量
人工	综合工日	工日	3.52

笔记

任务总结

（1）土壤类别描述：土壤的分类应按“计算规范”表 A.1–1 确定，如土壤类别不能准确划分时，招标人可注明为综合，由投标人根据地勘报告决定报价。

（2）土方运距描述：第一种招标人可以确定运距的，由招标人在特征说明中进行描述，例如弃土运距为 5 km，或拉土回填运距为 5 km；第二种招标人无法确定运距的，弃、取土运距可以不描述，但应注明由投标人根据施工现场实际情况自行考虑，决定报价。

（3）挖土深度的确定：挖土方平均厚度应按自然地面测量标高至设计地坪标高间的平均厚度确定。基础土方开挖深度应按基础垫层底表面标高至交付施工现场地标高确定，无交付施工场地标高时，应按自然地面标高确定。

（4）平整场地的清单工程量计算规则与计价工程量计算规则相同。

（5）挖沟槽、基坑、一般土方因工作面和放坡增加的工程量（管沟工作面增加的工程量）是否并入各土方工程量，应按各省、自治区、直辖市或行业建设主管部门的规定实施，如并入各土方工程量，办理工程结算时，按经发包人认可的施工组织设计规定计算，编制工程量清单时，可按“计算规范”表 A.1–3 ～表 A.1–5 规定计算。

实践训练与评价

1．实践训练

实践训练一：根据招标人提供的资料，土壤为普通土，现场地面无积水，也无地表水，无须支挡土板，不需要基底钎探，挖土就地堆放。以小组为单位，编制附录“1 号办公楼”工程图纸中平整场地的分部分项工程量清单并进行报价。

实践训练答案—平整场地、挖土方

实践训练二：根据附录“1 号办公楼”工程图纸，以小组为单位，编制挖基础土方工程量清单并进行报价。本工程为钢筋混凝土满堂基础，施工时考虑土方大开挖。

将计算结果填入表 2–1–10，形成学习成果。任务配分权重见表 2–1–11。

（1）工程量计算过程：

（2）综合单价确定过程：

（3）填写分部分项工程量清单与计价表。

表 2-1-10　分部分项工程量清单与计价表

序号	项目编码	项目名称	项目特征	计量单位	工程量	金额 / 元	
						综合单价	合价

2. 任务评价

表 2-1-11　本任务配分权重表

任务内容		评价指标		配分	得分
分部分项工程量清单编制（50%）	1	套取清单项	平整场地套取工程量清单项目准确、项目编码、项目名称、计量单位准确	10	
	2		挖土方套取工程量清单项目准确、项目编码、项目名称计量单位、准确	10	
	3	清单工程量计算	平整场地清单工程量计算准确	20	
	4		挖土方清单工程量计算准确	20	
	5	项目特征描述	平整场地项目特征描述准确、全面	10	
	6		挖土方项目特征描述准确、全面	10	
	7	工作态度	工作认真仔细，一丝不苟	10	
	8	团队合作	团队成员互帮互助，配合默契	10	
分部分项工程量清单报价（50%）	1	确定工程内容	平整场地确定工程内容准确	7	
	2		挖土方确定工程内容准确	8	
	3	计价工程量计算	平整场地计价工程量计算准确	15	
	4		挖土方计价工程量计算准确	15	
	5	套取定额	平整场地套取定额合理	7	
	6		挖土方套取定额合理	8	
	7	综合单价计算	平整场地综合单价计算流程准确、报价合理	10	
	8		挖土方综合单价计算流程准确、报价合理	10	
	9	工作态度	工作认真仔细，一丝不苟	10	
	10	团队合作	团队成员互帮互助，配合默契	10	

笔记

任务 2.2　地基处理与边坡支护工程计量与计价

任务目标

1. 熟悉地基处理、边坡支护工程量清单项目的设置；
2. 掌握水泥粉煤灰碎石桩、褥垫层的工程量计算规则；
3. 能够正确描述各分部分项工程的项目特征；
4. 能够准确编制实际工程各分部分项工程量清单；
5. 能够合理确定各分部分项工程的综合单价和合价。

任务描述

某工程基底为可塑黏土，不能满足设计承载力要求，采用水泥粉煤灰碎石桩进行地基处理，桩径为 400 mm，桩体强度等级为 C20，桩数为 52 根，设计桩长为 10 m，桩端进入硬塑黏土层不少于 1.5 m，桩顶在地面以下 1.5 ～ 2 m，水泥粉煤灰碎石桩采用振动沉管灌注桩施工，桩顶采用 200 mm 厚人工级配砂石（砂：碎石为 3 ： 7，最大粒径为 30 mm）作为褥垫层，如图 2-2-1、图 2-2-2 所示。试编制该工程地基处理分部分项工程量清单并进行报价。

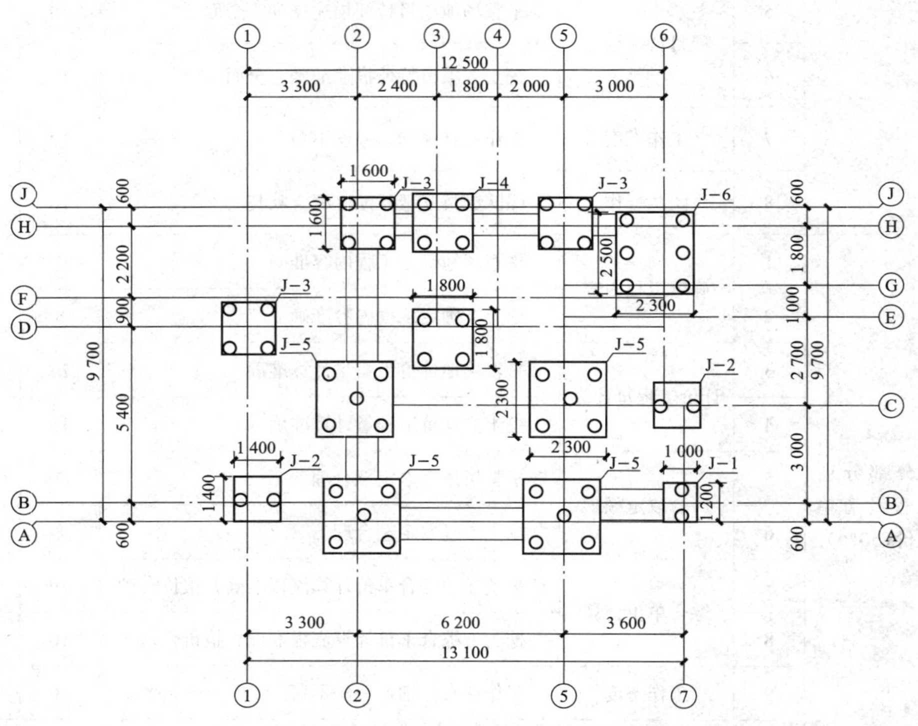

图 2-2-1　某幢别墅水泥粉煤灰碎石桩平面图

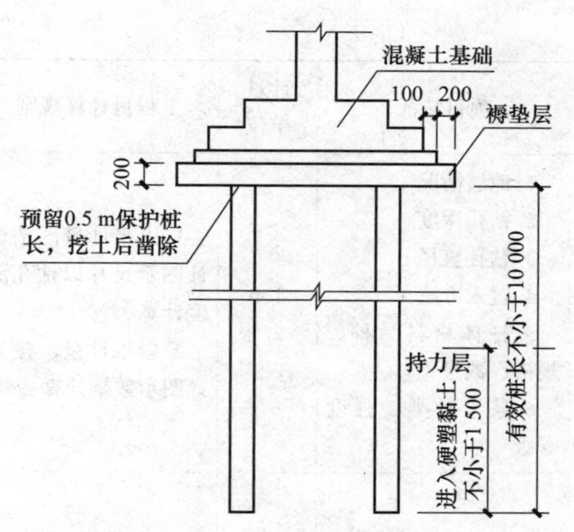

图 2-2-2　水泥粉煤灰碎石桩详图

2.2.1　学习地基处理相关知识

1．地基处理与边坡支护工程的工程量清单项目设置

地基处理、基坑与边坡支护工程量清单项目设置、项目特征描述的内容、计量单位及工程量计算规则，应分别按“计算规范”表 B.1、表 B.2 的规定执行。“计算规范”表 B.1、表 B.2 的部分内容见表 2-2-1。

表 2-2-1　地基处理、基坑与边坡支护

项目编码	项目名称	项目特征	计量单位	工程量计算规则	工作内容
010201001	换填垫层	1．材料种类及配比 2．压实系数 3．掺加剂品种	m^3	按设计图示尺寸以体积计算	1．分层铺填 2．碾压、振密或夯实 3．材料运输
010201008	水泥粉煤灰碎石桩	1．地层情况 2．空桩长度、桩长 3．桩径 4．成孔方法 5．混合料强度等级	m	按设计图示尺寸以桩长（包括桩尖）计算	1．成孔 2．混合料制作、灌注、养护 3．材料运输
010201017	褥垫层	1．厚度 2．材料品种及比例	1.m^2 2.m^3	1．以平方米计量，按设计图示尺寸以铺设面积计算 2．以立方米计量，按设计图示尺寸以体积计算	材料拌和、运输、铺设、压实

笔记

续表

项目编码	项目名称	项目特征	计量单位	工程量计算规则	工作内容
010202008	土钉	1. 地层情况 2. 钻孔深度 3. 钻孔直径 4. 置入方法 5. 杆体材料品种、规格、数量 6. 浆液种类、强度等级	1.m 2. 根	1. 以米计量，按设计图示尺寸以钻孔深度计算 2. 以根计量，按设计图示数量计算	1. 钻孔、浆液制作、运输、压浆 2. 土钉制作、安装 3. 土钉施工平台搭设、拆除
010202009	喷射混凝土、水泥砂浆	1. 部位 2. 厚度 3. 材料种类 4. 混凝土（砂浆）类别、强度等级	m^2	按设计图示尺寸以面积计算	1. 修整边坡 2. 混凝土（砂浆）制作、运输、喷射、养护 3. 钻排水孔、安装排水管 4. 喷射施工平台搭设、拆除

2．地基处理与边坡支护的分部分项工程量清单编制方法

（1）换填垫层。

1）基本概念。当建筑物基础下的持力层比较软弱、不能满足上部结构荷载对地基的要求时，常采用换填土垫层来处理软弱地基。即将基础下一定范围内的土层挖去，然后回填以强度较大的砂、砂石或灰土等，并分层夯实至设计要求的密实程度，作为地基的持力层，如图 2-2-3 所示。

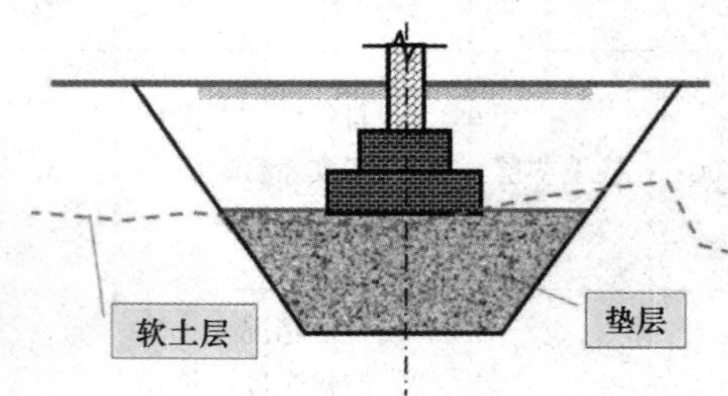

图 2-2-3　换填垫层

2）工作内容。换填垫层工作内容主要包括分层铺填，碾压、振密或夯实，材料运输。

3）项目特征。换填垫层的项目特征包括以下几项：

①材料种类及配比；

②压实系数；

③掺加剂品种。

4）计算规则。工程量换填垫层按设计图示尺寸以体积计算。

（2）强夯地基。

1）基本概念。强夯地基是用起重机械将大吨位（8 ～ 25 t）夯锤起吊到 6 ～ 30 m 高度后，自由落下，给地基土以强大的冲击能量的夯击，使土中出现冲击波和很大的冲击应力，迫使土体孔隙压缩，排除孔隙中的水，使土粒重新排列，迅速固结，从而提高地基承载力，降低其压缩性的一种地基的加固方法。

2）工作内容。强夯地基的工作内容包括铺设夯填材料，强夯，夯填材料运输等。

3）项目特征。地基强夯的项目特征包括以下几项：

①夯击能量；

②夯击遍数；

③夯击点布置形式、间距；

④地耐力要求；

⑤夯填材料种类。

4）计算规则。强夯地基工程量按设计图示处理范围以面积计算。

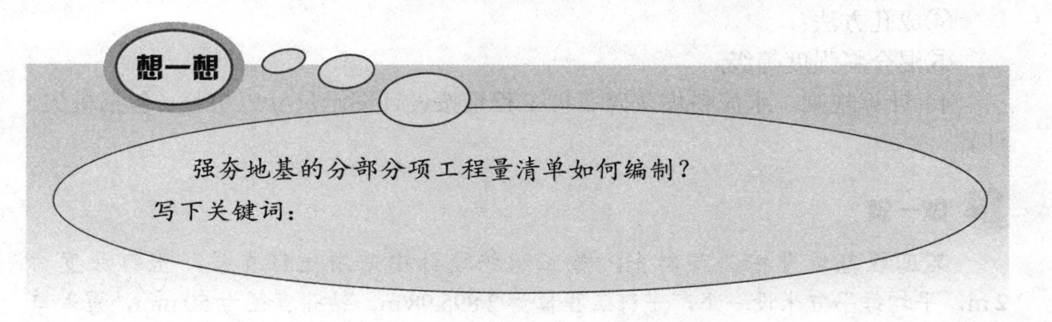

笔记

（3）地下连续墙。

1）基本概念。地下连续墙是在地面上采用一种挖槽机械，沿着深开挖工程的周边轴线，在泥浆护壁的措施下，开挖出一条狭长的深槽，深槽内放入钢筋笼，然后用导管法灌注水下混凝土，筑成一个个单元槽段，以特殊接头方式在地下筑成一道连续的钢筋混凝土墙壁，作为截水、防渗、承重和挡土结构。它适用高层建筑的深基础、工业建筑的深池、地下铁道等工程的施工。

2）工作内容。地下连续墙工作内容包括导墙挖填、制作、安装、拆除，挖土成槽、固壁、清底置换，混凝土制作、运输、灌注、养护，接头处理，土方、废泥浆外运，打桩场地硬化及泥浆池、泥浆沟等。

3）项目特征。地下连续墙的项目特征包括以下几项：

①地层情况；

②导墙类型、截面；

③墙体厚度；

④成槽深度；

⑤混凝土种类、强度等级；

⑥接头形式。

4）计算规则。地下连续墙工程量按设计图示墙中心线乘以厚度乘以槽深以体积计算。

（4）水泥粉煤灰碎石桩。

1）基本概念。水泥粉煤灰碎石桩（Cement Fly-ash Gravel Pile，CFG 桩）是在碎石桩的基础上发展起来的，以一定配合比率的石屑、粉煤灰和少量的水泥加水拌和后制成的一种具有一定胶结强度的桩体。水粉煤灰碎石桩和桩间土一起，通过褥垫层形成水粉煤灰碎石桩复合地基共同工作，能够较大幅度提高承载力。

2）工作内容。水泥粉煤灰碎石桩的工作内容包括成孔，混合料制作、灌注、养护，材料运输等。

3）项目特征。水泥粉煤灰碎石桩的项目特征如下：

①地层情况；

②空桩长度、桩长；

③桩径；

④成孔方法；

⑤混合料强度等级。

4）计算规则。水泥粉煤灰碎石桩工程量按设计图示尺寸以桩长（包括桩尖）计算。

做一做

某工程基坑开挖，三类土，施工组织设计中采用土钉支护，土钉深度为 2 m，平均每平方米设一个，土钉工程量为 2 895.98 m，钻孔直径为 50 mm，置入单根 ф25 螺纹钢筋，用 1 ∶ 1 水泥砂浆注浆，C25 细石混凝土，现场搅拌，喷射厚度为 80 mm，喷射混凝土工程量为 1 447.99 m^2，试编制分部分项工程量清单（不考虑挂钢筋网和施工平台搭拆内容）。将编制结果填入下面分部分项工程量清单与计价表 2-2-2 中。

课堂训练答案—边坡支护

表 2-2-2　分部分项工程量清单与计价表

序号	项目编码	项目名称	项目特征	计量单位	工程量	金额 / 元	
						综合单价	合价

问题分析

3. 计算规范有关规定

（1）地层情况按“计算规范”表 A.1-1 和表 A.2-1 的规定，并根据岩土工程勘察报告按单位工程各地层所占比例（包括范围值）进行描述。对无法准确描述的地层情况，可注明由投标人根据岩土工程勘察报告自行决定报价。

（2）项目特征中的桩长应包括桩尖，空桩长度 = 孔深 - 桩长，孔深为自然地面至设计桩底的深度。

（3）土钉置入方法包括钻孔置入、打入或射入等。

（4）混凝土种类：指清水混凝土、彩色混凝土等，如在同一地区既使用预拌（商品）混凝土，又允许现场搅拌混凝土时，也应注明。

2.2.2 地基处理工程量计算

任务描述中的清单工程量计算见表 2-2-3 清单工程量计算表。

表 2-2-3 清单工程量计算表

序号	清单项目编码	清单项目名称	计算式	工程量	计量单位
1	010201008001	水泥粉煤灰碎石桩	L=52×10=520（m）	520	m
2	010201017001	褥垫层	J-1 1.8×1.6×1=2.88（m^2） J-2 2×2×2=8（m^2） J-3 2.2×2.2×3=14.52（m^2） J-4 2.4×2.4×2=11.52（m^2） J-5 2.9×2.9×4=33.64（m^2） J-6 2.9×3.1×1=8.99（m^2）	79.55	m^2
3	010301004001	截（凿）桩头	n=52	52	根

2.2.3 地基处理分部分项工程量清单编制

任务描述中地基处理的分部分项工程量清单编制见表 2-2-4。

表 2-2-4 分部分项工程量清单与计价表

序号	项目编码	项目名称	项目特征	计量单位	工程量	金额/元	
						综合单价	合价
1	010201008001	水泥粉煤灰碎石桩	1. 地层情况：三类土 2. 空桩长度、桩长：1.5～2 m、10 m 3. 桩径：400 mm 4. 成孔方法：振动沉管 5. 混合料强度等级：C20	m	520		
2	010201017001	褥垫层	1. 厚度：200 mm 2. 材料品种及比例：人工级配砂石，最大粒径 30 mm，砂：碎石=3 ： 7	m^2	79.55		

笔记

续表

序号	项目编码	项目名称	项目特征	计量单位	工程量	金额/元	
						综合单价	合价
3	010301004001	截（凿）桩头	1．桩类型：水泥粉煤灰碎石桩 2．桩头截面、高度：400 mm、0.5 m 3．混凝土强度等级：C20 4．有无钢筋：无	根	52		
注：根据“计算规范”确定，可塑黏土和硬塑黏土为三类土。							

2.2.4　地基处理综合单价确定

1．水泥粉煤灰碎石桩

（1）确定工作内容：振动沉管打水泥粉煤灰碎石桩。

（2）计算计价工程量：

$$工程量=520\times3.14\times0.22=65.31（m^3）$$

（3）根据计价工程量套消耗量定额，选套定额：2-1-87 水泥粉煤灰碎石桩 桩长≤ 10 m、桩径≤ 400 mm 沉管成孔。

（4）套取 2017 年山东省价目表，2-1-87 增值税（一般计税）单价为 31 959.51 元 /（10 m^3），其中人工费为 1 590.30 元 /（10 m^3）。

（5）计算清单项目工、料、机价款：

$$65.31\div10\times31\,959.51=208\,727.56（元）$$

其中　　　人工费 = $65.31\div10\times1\,590.30=10\,386.25$（元）

（6）确定管理费费率、利润率分别为 25.6%、15.0%。

（7）合价：

$$合价=208\,727.56+10\,386.25\times（25.6\%+15\%）=212\,944.38（元）$$

（8）综合单价：

$$综合单价=合价\div工程量=212\,944.38\div520=409.51（元）$$

2．褥垫层

（1）确定工作内容：铺设人工级配砂石褥垫层。

（2）计算计价工程量：

$$工程量=79.55\times0.2=15.91（m^3）$$

（3）根据计价工程量套消耗量定额，选套定额：2-1-8 人工级配砂石 机械振动。

（4）套取 2017 年山东省价目表，2-1-8 增值税（一般计税）单价为 1 937.15 元 /（10 m^3），其中人工费为 747.65 元 /（10 m^3）。

（5）计算清单项目工、料、机价款：

$$15.91\div10\times1\,937.15=3\,082.01（元）$$

其中　　　人工费 = $15.91\div10\times747.65=1\,189.51$（元）

（6）确定管理费费率、利润率分别为 25.6% 、15.0%。

（7）合价：

合价 =3 082.01+ 1 189.51×（25.6%+15%）=3 564.95（元）

（8）综合单价：

综合单价＝合价 ÷ 工程量 =3 564.95÷79.55=44.81（元）

3．截（凿）桩头

（1）确定工作内容：凿桩头。

（2）计算计价工程量：

工程量 =52×3.14×0.22×0.5=3.27（m^3）

（3）根据计价工程量套消耗量定额，选套定额：3-1-45 凿桩头灌注钢筋混凝土柱。

（4）套取 2017 年山东省价目表，3-1-45 增值税（一般计税）单价为 2 422.51 元 /（10 m^3），其中人工费为 2 185.95 元 /（10 m^3）。

（5）计算清单项目工、料、机价款：

3.27÷10×2 422.51=792.16（元）

其中　　人工费＝3.27÷10×2 185.95=714.81（元）

（6）确定管理费费率、利润率分别为 25.6%、15.0%。

（7）合价：

合价 =792.16+714.81×（25.6%+15%）=1 082.37（元）

（8）综合单价：

综合单价＝合价 ÷ 工程量 =1 082.37÷52=20.81（元）

将上述结果填入分部分项工程量清单与计价表，见表 2-2-5。

表 2-2-5　分部分项工程量清单与计价表

序号	项目编码	项目名称	项目特征描述	计量单位	工程量	金额 / 元	
						综合单价	合价
1	010201008001	水泥粉煤灰碎石桩	1．地层情况：三类土 2．空桩长度、桩长：1.5～2 m、10 m 3．桩径：400 mm 4．成孔方法：振动沉管 5．混合料强度等级：C20	m	520	409.51	212 944.38
2	010201017001	褥垫层	1．厚度：200 mm 2．材料品种及比例：人工级配砂石，最大粒径 30 mm，砂：碎石 =3 ：7	m^2	79.55	44.81	3 564.95
33	010301004001	截（凿）桩头	1．桩类型：水泥粉煤灰碎石桩 2．桩头截面、高度：400 mm、0.5 m 3．混凝土强度等级：C20 4．有无钢筋：无	根	52	20.81	1 082.37

任务总结

（1）地层情况描述：地层情况按“计算规范”表 A.1-1 和表 A.2-1 的规定，并根据岩土工程勘察报告按单位工程各地层所占比例（包括范围值）进行描述。对无法准确描述的地层情况。可注明由投标人根据岩土工程勘察报告自行决定报价。

（2）水泥粉煤灰碎石桩、褥垫层、截（凿）桩头的清单工程量计算规则与计价工程量计算规则不尽相同，计算时注意区别。

（3）综合单价的计算有正算和反算两种方法，可采用任一种方法计算。

（4）投标人在报价时可以自主确定工料机消耗量、自主确定工料机单价、自主确定除规范强制性规定外的措施项目费及其他项目费的内容和费率。

实践训练答案—土钉支护

实践训练与评价

1．实践训练

某边坡工程采用土钉支护，根据岩土工程勘察报告，地层为带块石的碎石土，土钉成孔直径为 90 mm，采用 1 根 HRB335、直径为 25 mm 的钢筋作为杆体，成孔深度均为 10.0 m，土钉入射倾角为 15°，杆筋送入钻孔后，灌注 M30 水泥砂浆。混凝土面板采用 C25 喷射混凝土，厚度为 120 mm，如图 2-2-4、图 2-2-5 所示。以小组为单位，试编制该边坡分部分项工程量清单并进行报价（不考虑挂网、喷射平台等内容）。

笔记

将计算结果填入表 2-2-6，形成学习成果。任务配分权重见表 2-2-7。

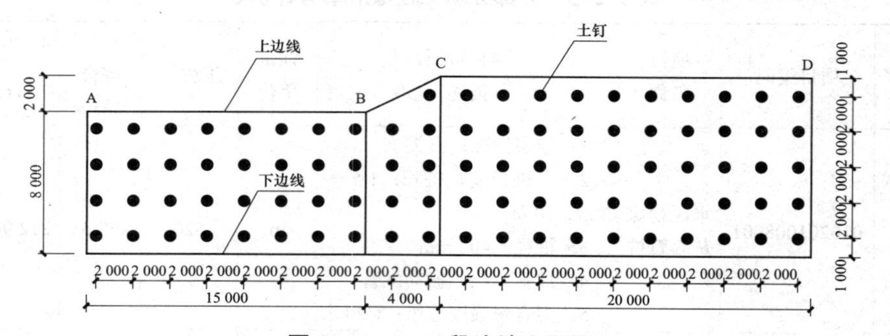

图 2-2-4　AD 段边坡立面图

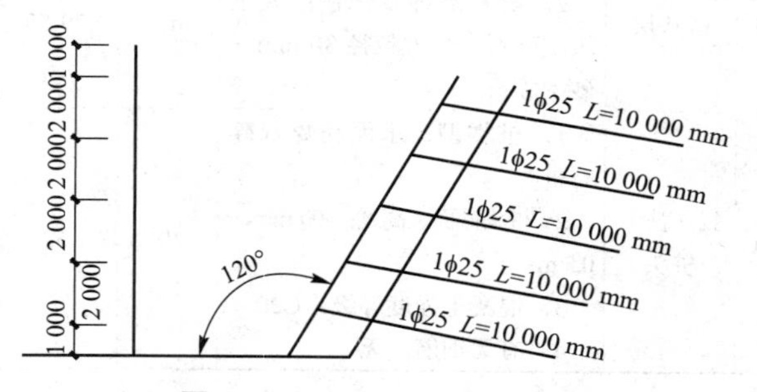

图 2-2-5　AD 段边坡剖面图

（1）工程量计算过程：

（2）综合单价确定过程：

（3）填写分部分项工程量清单与计价表。

表 2-2-6　分部分项工程量清单与计价表

序号	项目编码	项目名称	项目特征	计量单位	工程量	金额 / 元	
						综合单价	合价

笔记

2．任务评价

表 2-2-7　本任务配分权重表

任务内容		评价指标		配分	得分
分部分项工程量清单编制（50%）	1	套取清单项	土钉套取工程量清单项目准确、项目编码、项目名称、计量单位准确	10	
	2		喷射混凝土套取工程量清单项目准确、项目编码、项目名称计量单位、准确	10	
	3	清单工程量计算	土钉清单工程量计算准确	20	
	4		喷射混凝土清单工程量计算准确	20	
	5	项目特征描述	土钉项目特征描述准确、全面	10	
	6		喷射混凝土项目特征描述准确、全面	10	
	7	工作态度	工作认真仔细，一丝不苟	10	
	8	团队合作	团队成员互帮互助，配合默契	10	

续表

任务内容		评价指标		配分	得分
分部分项工程量清单报价（50%）	1	确定工程内容	土钉确定工程内容准确	7	
	2		喷射混凝土确定工程内容准确	8	
	3	计价工程量计算	土钉计价工程量计算准确	15	
	4		喷射混凝土计价工程量计算准确	15	
	5	套取定额	土钉套取定额合理	7	
	6		喷射混凝土套取定额合理	8	
	7	综合单价计算	土钉综合单价计算流程准确、报价合理	10	
	8		喷射混凝土综合单价计算流程准确、报价合理	10	
	9	工作态度	工作认真仔细，一丝不苟	10	
	10	团队合作	团队成员互帮互助，配合默契	10	

任务 2.3　桩基工程计量与计价

任务目标

1．熟悉预制钢筋混凝土桩、混凝土灌注桩的适用范围；
2．熟悉打桩和灌注桩的清单项目设置；
3．掌握预制钢筋混凝土桩、混凝土灌注桩的工程量计算规则；
4．能够正确描述各分部分项工程的项目特征；
5．能够准确编制实际工程各分部分项工程量清单；
6．能够合理确定各分部分项工程的综合单价和合价。

任务描述

某工程采用 C30 混凝土机械打孔灌注桩，振动沉管成孔，采用商品混凝土，混凝土供应商负责运输，单价为 400 元 /m^3，单根桩设计长度为 8 m， 桩截面直径为 800 mm，共 33 根。试编制工程量清单并报价。

任务实施

2.3.1　学习桩基工程相关知识

1．桩基工程的工程量清单项目设置

桩基工程包含打桩与灌注桩工程两大部分。打桩与灌注桩工程量清单项目设置、项目特征描述的内容、计量单位及工程量计算规则，应分别按“计算规范”表C.1、表C.2的规定执行。“计算规范”表C.1、表C.2的部分内容见表2–3–1。

表2–3–1　打桩、灌注桩

<table>
<tr><th>项目编码</th><th>项目名称</th><th>项目特征</th><th>计量单位</th><th>工程量计算规则</th><th>工作内容</th></tr>
<tr><td>010301001</td><td>预制钢筋混凝土方桩</td><td>1．地层情况
2．送桩深度、桩长
3．桩截面
4．桩倾斜度
5．沉桩方法
6．接桩方式
7．混凝土强度等级</td><td rowspan="4">1．m
2．m^3
3．根</td><td rowspan="4">1．以米计量，按设计图示尺寸以桩长（包括桩尖）计算
2．以立方米计量，按不同截面在桩上范围内以体积计算
3．以根计量，按设计图示数量计算</td><td>1．工作平台搭拆
2．桩机竖拆、移位
3．沉桩
4．接桩
5．送桩</td></tr>
<tr><td>010301002</td><td>预制钢筋混凝土管桩</td><td>1．地层情况
2．送桩深度、桩长
3．桩外径、壁厚
4．桩倾斜度
5．沉桩方法
6．桩尖类型
7．混凝土强度等级
8．填充材料种类
9．防护材料种类</td><td>1．工作平台搭拆
2．桩机竖拆、移位
3．沉桩
4．接桩
5．送桩
6．桩尖制作、安装
7．填充材料、刷防护材料</td></tr>
<tr><td>010302002</td><td>沉管灌注桩</td><td>1．地层情况
2．空桩长度、桩长
3．复打长度
4．桩径
5．沉管方法
6．桩尖类型
7．混凝土种类、强度等级</td><td>1．打（沉）拔钢管
2．桩尖制作、安装
3．混凝土制作、运输、灌注、养护</td></tr>
<tr><td>010302003</td><td>干作业成孔灌注桩</td><td>1．地层情况
2．空桩长度、桩长
3．桩径
4．扩孔直径、高度
5．成孔方法
6．混凝土种类、强度等级</td><td>1．成孔、扩孔
2．混凝土制作、运输、灌注、振捣、养护</td></tr>
</table>

笔记

预制钢筋混凝土桩、混凝土灌注桩的清单工程量如何计算，与定额模式中的计价工程量计算是否相同？

写下关键词：

2．桩基工程的分部分项工程量清单编制方法

（1）预制钢筋混凝土桩。

1）基本概念。预制钢筋混凝土桩是先在加工厂或施工现场采用钢筋和混凝土预制，经过养护，达到设计强度后，运至施工地点，然后用沉桩设备将其沉入土中以承受上部结构荷载的构件。

预制钢筋混凝土桩如图 2-3-1 所示。

图 2-3-1　预制钢筋混凝土桩

2）工作内容。预制钢筋混凝土方桩的工作内容主要包括工作平台搭拆，桩机竖拆、移位，沉桩，接桩，送桩。

3）项目特征。预制钢筋混凝土方桩的项目特征包括以下几点：

①地层情况；

②送桩深度、桩长；

③桩截面；

④桩倾斜度；

⑤沉桩方法；

⑥接桩方式；

⑦混凝土强度等级。

4）计算规则。预制钢筋混凝土方桩工程量按设计图示尺寸以长度或体积或根数计算。

①以米计量，按设计图示尺寸以桩长（包括桩尖）计算；②以立方米计量，按设计图示截面面积乘以桩长（包括桩尖）以实体积计算；③以根计量，按设

计图示数量计算。

（2）沉管灌注桩。

1）基本概念。沉管灌注桩是采用与桩的设计尺寸相适应的钢管（套管），在端部套上桩尖后沉入土中后，在套管内吊放钢筋骨架，然后边浇筑混凝土边振动或锤击拔管，利用拔管时的振动捣实混凝土而形成所需要的灌注桩。这种施工方法适用在有地下水、流砂、淤泥的情况。

2）工作内容。沉管灌注桩的工作内容包括打（沉）拔钢管，桩尖制作、安装，混凝土制作、运输、灌注、养护。

3）项目特征。沉管灌注桩的项目特征如下：

①地层情况；

②空桩长度、桩长；

③复打长度；

④桩径；

⑤沉管方法；

⑥桩尖类型；

⑦混凝土种类、强度等级。

4）计算规则。沉管灌注桩工程量按设计图示尺寸以长度或体积或根数计算。

①以米计量，按设计图示尺寸以桩长（包括桩尖）计算；

②以立方米计量，按不同截面在桩上范围内以体积计算；

③以根计量，按设计图示数量计算。

3．计算规范有关规定

（1）地层情况按“计算规范”表 A.1–1 和表 A.2–1 的规定，并根据岩土工程勘察报告按单位工程各地层所占比例（包括范围值）进行描述。对无法准确描述的地层情况，可注明由投标人根据岩土工程勘察报告自行决定报价。

（2）项目特征中的桩截面、混凝土强度等级、桩类型等可直接用标准图代号或设计桩型进行描述。

（3）打桩项目包括成品桩购置费，如果用现场预制桩，应包括现场预制的所有费用。

（4）打试验桩和打斜桩应按相应项目编码单独列项，并应在项目特征中注明试验桩或斜桩（斜率）。

（5）桩基础的承载力检测、桩身完整性检测等费用按国家相关取费标准单独计算，不在本清单项目中。

（6）项目特征中的桩长应包括桩尖，空桩长度 = 孔深 – 桩长，孔深为自然地面至设计桩底的深度。

（7）项目特征中的桩截面（桩径）、混凝土强度等级、桩类型等可直接用标准图代号或设计桩型进行描述。

（8）泥浆护壁成孔灌注桩是指在泥浆护壁条件下成孔，采用水下灌注混凝土的桩。其成孔方法包括冲击钻成孔、冲抓锥成孔、回旋钻成孔、潜水钻成孔、泥浆护壁的旋挖成孔等。

笔记

（9）沉管灌注桩的沉管方法包括锤击沉管法、振动沉管法、振动冲击沉管法、内夯沉管法等。

（10）干作业成孔灌注桩是指不用泥浆护壁和套管护壁的情况下，用钻机成孔后，下钢筋笼，灌注混凝土的桩，适用地下水水位以上的土层使用。其成孔方法包括螺旋钻成孔、螺旋钻成孔扩底、干作业的旋挖成孔等。

（11）桩基础的承载力检测、桩身完整性检测等费用按国家相关取费标准单独计算，不在本清单项目中。

（12）混凝土灌注桩的钢筋笼制作、安装，按“计算规范”附录 E 中相关项目编码列项，如图 2-3-2 所示。

图 2-3-2 钢筋笼制作、起吊、下钢筋笼

2.3.2 桩基工程量计算

笔记

混凝土机械打孔灌注桩工程量计算规则：

（1）以米计量，按设计图示尺寸以桩长（包括桩尖）计算。

（2）以立方米计量，按不同截面在桩上范围内以体积计算。

（3）以根计量，按设计图示数量计算。

三种计算方法可任选一种。

任务描述中的工程量 =8×33=264（m）

2.3.3 桩基分部分项工程量清单编制

将上述结果及相关内容填入“分部分项工程量清单与计价表”表格，见表 2-3-2。

表 2-3-2 分部分项工程量清单与计价表

项目编码	项目名称	项目特征	计量单位	工程量	综合单价	合价
010302002001	沉管灌注桩	1. 地层情况：由投标人根据岩土工程勘察报告自行决定 2. 桩径：800 mm 3. 混凝土类别、强度等级：商品混凝土 C30	m	264		

2.3.4 桩基综合单价确定

（1）确定工作内容：沉管成孔、沉管桩灌注混凝土。

（2）计算计价工程量：根据现行定额计算规则计算计价工程量，计算规则：沉管成孔工程量按打桩前自然地坪标高至设计桩底标高（不包括预制桩尖）的成孔长度乘以钢管外径截面面积，以体积计算；沉管桩灌注混凝土工程量按钢管外径截面面积乘以设计桩长（不包括预制桩尖）另加加灌长度，以体积计算。加灌长度设计有规定者，按设计要求计算，无规定者，按 0.5 m 计算。

沉管成孔工程量 =3.14×0.4×0.4×8×33=132.63（m^3）（假设打桩前自然地坪标高至设计桩底标高的成孔长度为 8 m）

沉管桩灌注混凝土工程量 =3.14×0.4×0.4×（8+0.5）×33=140.92（m^3）

（3）根据计价工程量套消耗量定额，选套定额：3–2–19 沉管桩成孔桩长≤ 12 m 振动式；3–2–29 灌注桩混凝土沉管成孔。

（4）套取 2 017 年山东省价目表，3–2–19 增值税（一般计税）单价为 1 821.20 元 /（10 m^3），其中人工费为 897.75 元 /（10 m^3）；3–2–29 增值税（一般计税）单价为 5 187.19 元 /（10 m^3），其中人工费为 326.80 元 /（10 m^3）。

因采用商品混凝土，需换算灌注混凝土桩定额项的单价，换算后单价 = 5 187.19+11.615×（400–417.48）=4 984.16［元 /（10 m^3）］。

（5）计算清单项目工、料、机价款：

3–2–19　　132.63÷10×1 821.20=24 154.58（元）

其中　　人工费 =132.63÷10×897.75=11 906.86（元）

3–2–29　　140.92÷10×4 984.16=70 236.78（元）

其中　　人工费 =140.92÷10×326.80=4 605.27（元）

（6）确定管理费费率、利润率分别为 13.1%、4.8%。

（7）合价：

合价 =24 154.58+70 236.78+（11 906.86+4 605.27）×（13.1%+4.8%）= 97 347.03（元）

（8）综合单价：

综合单价 = 合价 ÷ 工程量 =97 347.03÷264=368.74（元）

将计算结果填入表 2–3–3。

表 2–3–3　分部分项工程量清单计价表

项目编码	项目名称	项目特征	计量单位	工程量	金额 / 元	
					综合单价	合价
010302002001	沉管灌注桩	1．地层情况：由投标人根据岩土工程勘察报告自行决定 2．桩径：800 mm 3．混凝土类别、强度等级：商品混凝土 C30	m	264	368.74	97 347.03

任务总结

（1）地层情况按“计算规范”表 A.1–1 和表 A.2–1 的规定，并根据岩土工程勘察报告按单位工程各地层所占比例（包括范围值）进行描述。对无法准确描述的地层情况，可注明由投标人根据岩土工程勘察报告自行决定报价。

（2）混凝土沉管成孔灌注桩的清单工程量计算规则与计价工程量计算规则不尽相同，计算时注意区别；计算计价工程量时，成孔工程量与灌注混凝土工程量计算方法也不同。

（3）计算综合单价时，注意取费基数。

（4）桩基础工程的山东省指导费费率与建筑工程的不同。

实践训练与评价

1．实践训练

某工程预制钢筋混凝土方桩为 10 根，混凝土强度等级为 C25，如图 2–3–3 所示，二级土，使用轨道式柴油打桩机打预制桩，将桩送到自然地坪以下 0.6 m，试编制预制钢筋混凝土方桩工程量清单并报价。

将计算结果填入表 2–3–4 中，形成学习成果。任务配分权重见表 2–3–5。

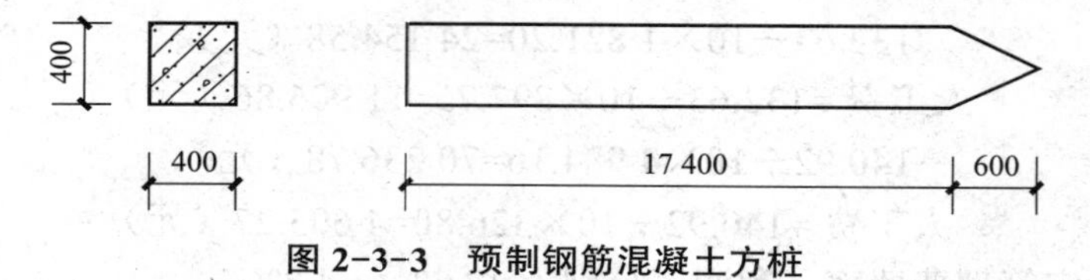

图 2–3–3　预制钢筋混凝土方桩

（1）工程量计算过程：

（2）综合单价确定过程：

（3）填写分部分项工程量清单与计价表。

表 2–3–4　分部分项工程量清单与计价表

序号	项目编码	项目名称	项目特征	计量单位	工程量	金额 / 元	
						综合单价	合价
1							

2. 任务评价

表 2-3-5　本任务配分权重表

任务内容		评价指标		配分	得分
分部分项工程量清单编制（50%）	1	套取清单项	预制钢筋混凝土方桩套取工程量清单项目准确、项目编码、项目名称、计量单位准确	20	
	2	清单工程量计算	预制钢筋混凝土方桩清单工程量计算准确	40	
	3	项目特征描述	预制钢筋混凝土方桩项目特征描述准确、全面、无歧义	30	
	4	工作态度	工作认真仔细，一丝不苟	10	
分部分项工程量清单报价（50%）	1	确定工作内容	预制钢筋混凝土方桩确定工作内容准确	15	
	2	计价工程量计算	预制钢筋混凝土方桩计价工程量计算准确	30	
	3	套取定额	预制钢筋混凝土方桩套取定额合理	15	
	4	综合单价计算	预制钢筋混凝土方桩综合单价计算流程准确、报价合理	30	
	5	工作态度	工作认真仔细，一丝不苟	10	

任务 2.4　砌筑工程计量与计价

任务目标

1. 熟悉墙体与基础的划分界限；
2. 掌握墙身高度的确定方法；
3. 掌握框架结构中砌体墙的计算长度和高度的确定；
4. 掌握实心砖墙分部分项工程量清单编制程序；
5. 掌握砌块墙分部分项工程量清单编制程序；
6. 能够正确描述各分部分项工程的项目特征；
7. 能够准确编制实际工程各分部分项工程量清单；
8. 能够合理确定各分部分项工程的综合单价和合价。

笔记

任务描述

某工程 ±0.000 以下条形基础平面、剖面大样图如图 2-4-1、图 2-4-2 所示，室内外高差为 150 mm。基础垫层为原槽浇筑，清条石 1 000 mm×300 mm×300 mm，基础使用水泥砂浆 M7.5 砌筑，页岩标砖，砖强度等级 MU7.5，基础为 M5 水泥砂浆砌筑。本工程室外标高 -0.150 m。垫层为 3 ∶ 7 灰土垫层，现场拌和。试编制基础垫层、石基础、砖基础的分部分项工程量清单并进行报价。

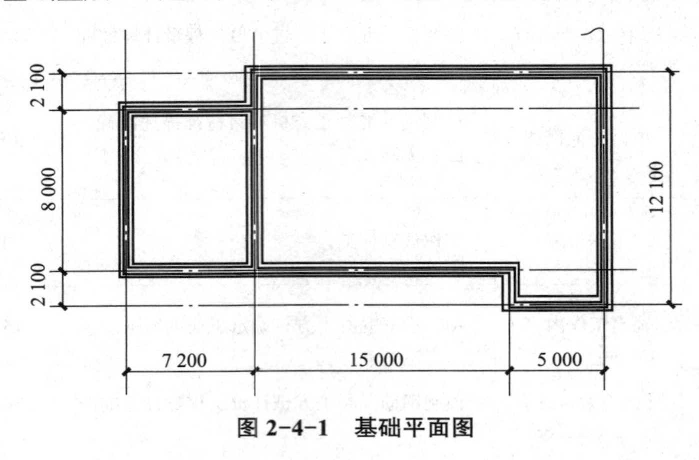

图 2-4-1　基础平面图

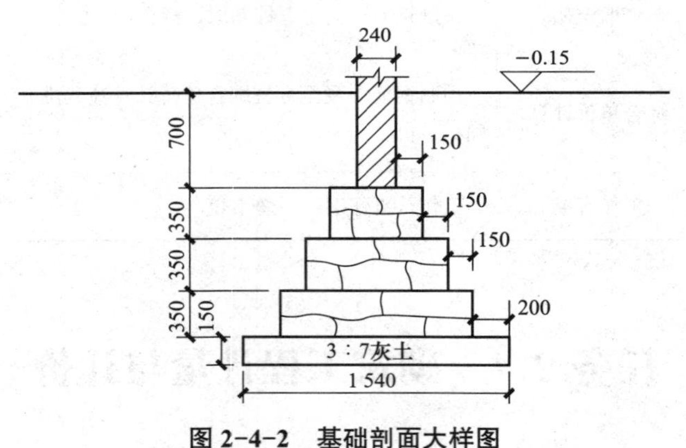

图 2-4-2　基础剖面大样图

任务实施

2.4.1　学习砌筑工程相关知识

1．砌筑工程的工程量清单项目设置

砌筑工程主要包括砖砌体，砌块砌体、石砌体、垫层等内容。砌筑工程的工程量清单项目设置、项目特征描述的内容、计量单位及工程量计算规则，应分别按“计算规范”表 D.1 ～表 D.4 的规定执行。“计算规范”表 D.1 ～表 D.4 的部分内容见表 2-4-1。

表 2-4-1　砌筑工程

项目编码	项目名称	项目特征	计量单位	工程量计算规则	工作内容
010401001	砖基础	1．砖品种、规格、强度等级 2．基础类型 3．砂浆强度等级 4．防潮层材料种类	m^3	按设计图示尺寸以体积计算。 包括附墙垛基础宽出部分体积，扣除地梁（圈梁）、构造柱所占体积，不扣除基础大放脚 T 形接头处的重叠部分及嵌入基础内的钢筋、铁件、管道、基础砂浆防潮层和单个面积≤ 0.3m² 的孔洞所占体积，靠墙暖气沟的挑檐不增加。 基础长度：外墙按外墙中心线，内墙按内墙净长线计算	1．砂浆制作、运输 2．砌砖 3．防潮层铺设 4．材料运输
010403001	石基础	1．石料种类、规格 2．基础类型 3．砂浆强度等级		按设计图示尺寸以体积计算。 包括附墙垛基础宽出部分体积，不扣除基础砂浆防潮层及单个面积≤ 0.3m² 的孔洞所占体积，靠墙暖气沟的挑檐不增加体积。基础长度：外墙按中心线，内墙按净长计算	1．砂浆制作、运输 2．吊装 3．砌石 4．防潮层铺设 5．材料运输
010404001	垫层	垫层材料种类、配合比、厚度		按设计图示尺寸以立方米计算	1．垫层材料的拌制 2．垫层铺设 3．材料运输

2．砌筑工程的分部分项工程量清单编制方法

（1）砖基础。

1）工作内容。砖基础的工作内容包括砂浆制作、运输，砌砖，防潮层铺设，材料运输。

2）项目特征。砖基础的项目特征包括以下几点：

①砖品种、规格、强度等级；

②基础类型；

③砂浆强度等级；

④防潮层材料种类。

3）计算规则。按设计图示尺寸以体积计算。包括附墙垛基础宽出部分体积，扣除地梁（圈梁）、构造柱所占体积，不扣除基础大放脚 T 形接头处的重叠部分及嵌入基础内的钢筋、铁件、管道、基础砂浆防潮层和单个面积≤ 0.3 m² 的孔洞所占体积，靠墙暖气沟的挑檐不增加。基础长度：外墙按外墙中心线，内墙按内墙净长线计算。砖基础大放脚如图 2-4-3、图 2-4-4 所示。

4）有关说明。砖基础项目适用于各种类型砖基础，包括柱基础、墙基础、管道基础等。具体是何种类型，应在工程量清单的项目特征中详细描述。

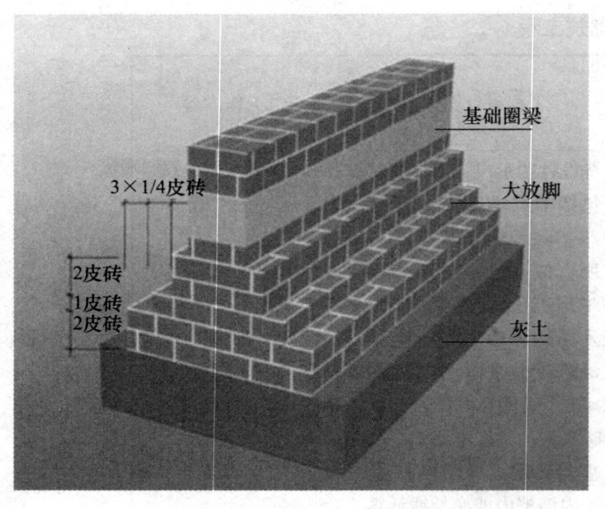

图 2-4-3　砖基础大放脚

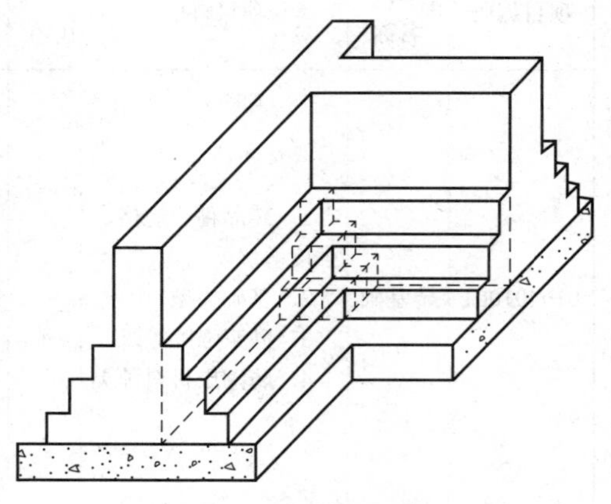
图 2-4-4　T 形接头处

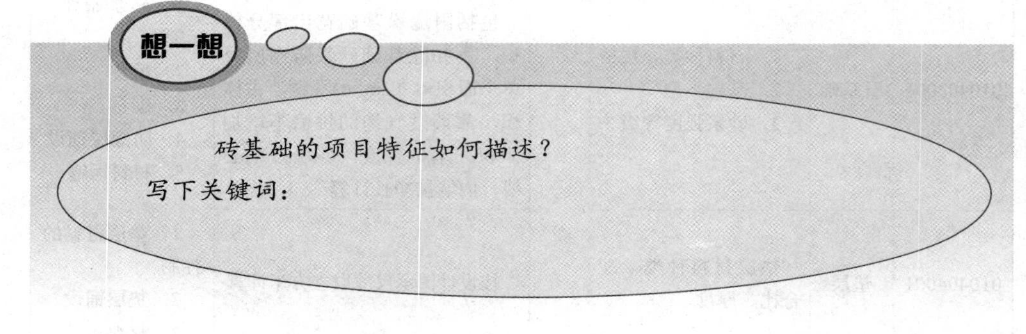

（2）实心砖墙。

1）工作内容。实心砖墙的工作内容包括砂浆制作、运输，砌砖，刮缝，砖压顶砌筑，材料运输等。

2）项目特征。实心砖墙的项目特征如下：

①砖品种、规格、强度等级；

②墙体类型；

③砂浆强度等级、配合比。

3）计算规则。实心砖墙工程量按设计图示尺寸以体积计算。扣除门窗、洞口、嵌入墙内的钢筋混凝土柱、梁、圈梁、挑梁 、过梁及凹进墙内的壁龛、管槽、暖气槽、消火栓箱所占体积，不扣除梁头、板头、檩头、垫木、木楞头、沿缘木、木砖、门窗走头、砖墙内加固钢筋、木筋、铁件、钢管及单个面积≤ 0.3 m^2 的孔洞所占的体积。凸出墙面的腰线、挑檐、压顶、窗台线、虎头砖、门窗套的体积也不增加。凸出墙面的砖垛并入墙体体积内计算。

①墙长度：外墙按中心线长，内墙按净长计算。

②墙高度：

a．外墙：斜（坡）屋面无檐口天棚者算至屋面板底；有屋架且室内外均有天棚者算至屋架下弦底另加 200 mm；无天棚者算至屋架下弦底另加 300 mm，出檐宽度超过 600 mm 时按实砌高度计算；与钢筋混凝土楼板隔层者算至板顶。平屋顶算至钢筋混凝土板底，如图 2-4-5 ～图 2-4-7 所示。

b．内墙：位于屋架下弦者，算至屋架下弦底；无屋架者算至天棚底另加 100 mm；有钢筋混凝土楼板隔层者算至楼板顶；有框架梁时算至梁底。

c．女儿墙：从屋面板上表面算至女儿墙顶面（如有混凝土压顶时算至压顶下表面）。

d．内、外山墙：按其平均高度计算。

③框架间墙：不分内外墙按墙体净尺寸体积计算。

④围墙：高度算至压顶上表面（如有混凝土压顶时算至压顶下表面），围墙柱并入围墙体积内。

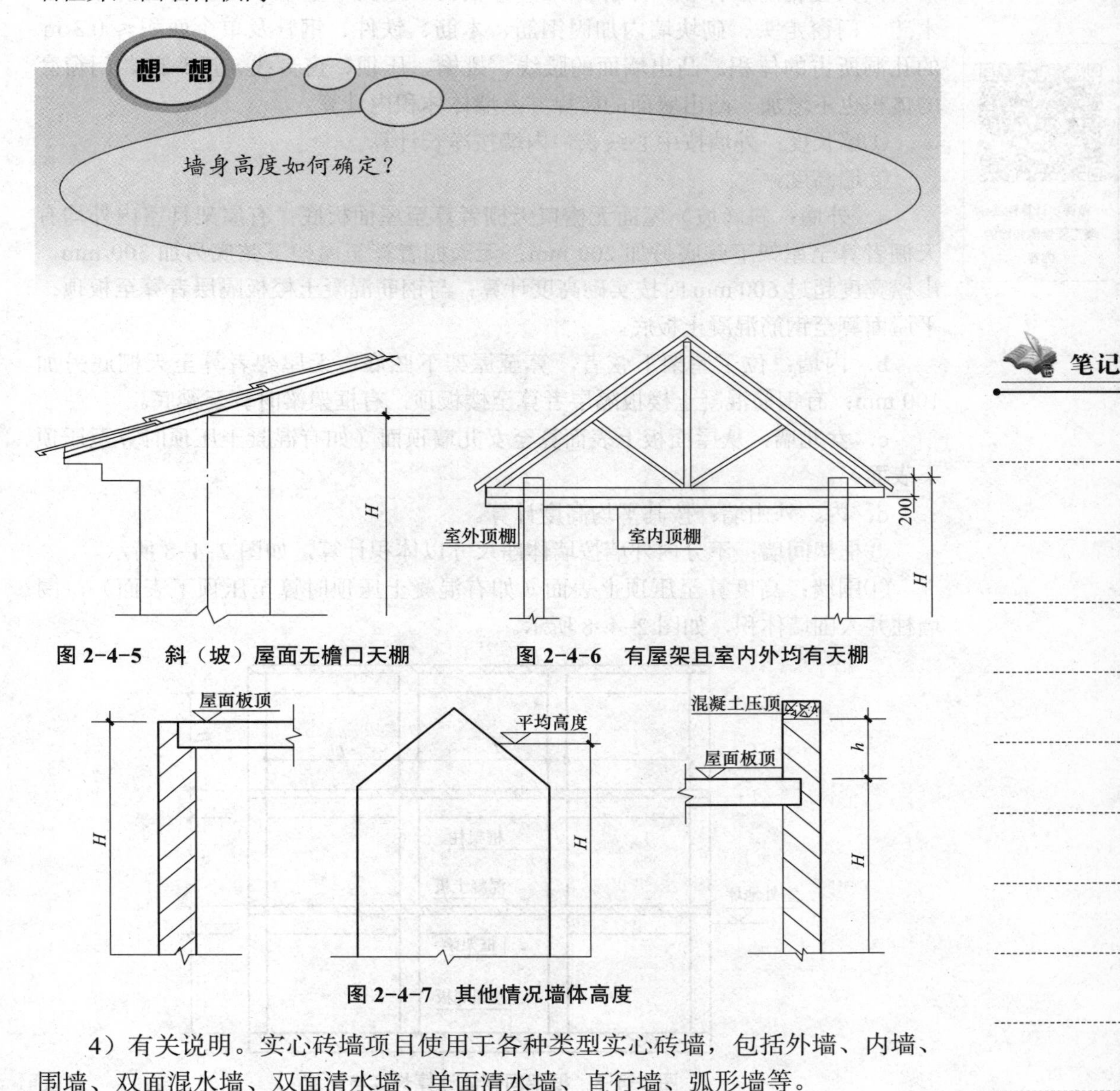

图 2-4-5　斜（坡）屋面无檐口天棚

图 2-4-6　有屋架且室内外均有天棚

图 2-4-7　其他情况墙体高度

4）有关说明。实心砖墙项目使用于各种类型实心砖墙，包括外墙、内墙、围墙、双面混水墙、双面清水墙、单面清水墙、直行墙、弧形墙等。

笔记

（3）砌块墙。

微课：砌块墙清单编制

1）工作内容。砌块墙的工作内容包括砂浆制作、运输，砌砖、砌块，勾缝，材料运输等。

2）项目特征。

①砌块品种、规格、强度等级；

②墙体类型；

③砂浆强度等级。

3）计算规则。砌块墙按设计图示尺寸以体积计算。扣除门窗、洞口、嵌入墙内的钢筋混凝土柱、梁、圈梁、挑梁 、过梁及凹进墙内的壁龛、管槽、暖气槽、消火栓箱所占体积，不扣除梁头、板头、檩头、垫木、木楞头、沿椽木、木砖、门窗走头、砌块墙内加固钢筋、木筋、铁件、钢管及单个面积≤ 0.3 m^{2}的孔洞所占的体积。凸出墙面的腰线、挑檐、压顶、窗台线、虎头砖、门窗套的体积也不增加。凸出墙面的砖垛并入墙体体积内计算。

微课：计算砌块墙工程量需扣除的内容

①墙长度：外墙按中心线长，内墙按净长计算。

②墙高度：

a．外墙：斜（坡）屋面无檐口天棚者算至屋面板底；有屋架且室内外均有天棚者算至屋架下弦底另加 200 mm；无天棚者算至屋架下弦底另加 300 mm，出檐宽度超过 600 mm 时按实砌高度计算；与钢筋混凝土楼板隔层者算至板顶；平屋面算至钢筋混凝土板底。

b．内墙：位于屋架下弦者，算至屋架下弦底；无屋架者算至天棚底另加 100 mm；有钢筋混凝土楼板隔层者算至楼板顶；有框架梁时算至梁底。

c．女儿墙：从屋面板上表面算至女儿墙顶面（如有混凝土压顶时算至压顶下表面）。

d．内、外山墙：按其平均高度计算。

③框架间墙：不分内外墙按墙体净尺寸以体积计算，如图 2-4-8 所示。

④围墙：高度算至压顶上表面（如有混凝土压顶时算至压顶下表面），围墙柱并入围墙体积，如图 2-4-8 所示。

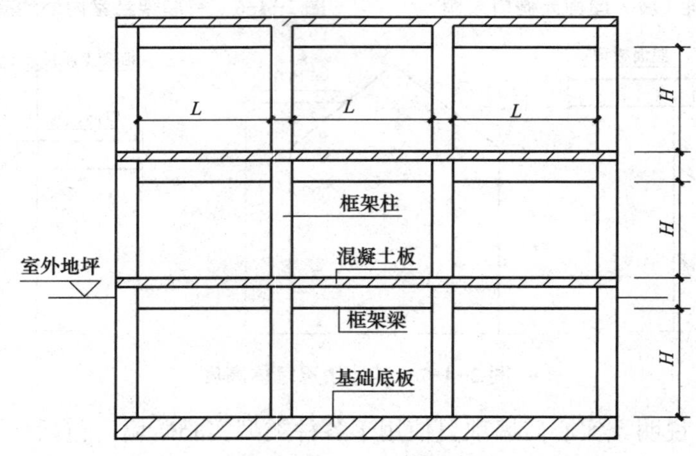

图 2-4-8　框架间砌体计算长度与高度

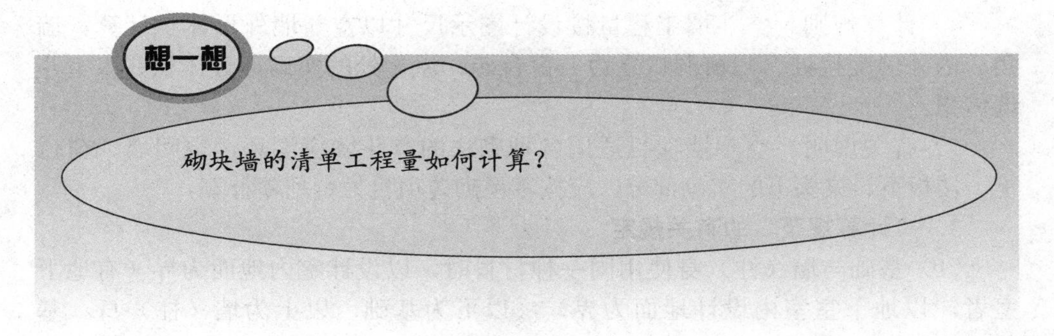

（4）垫层。

1）工作内容。垫层的工作内容包括垫层材料的拌制，垫层铺设，材料运输。

2）项目特征。垫层的项目特征包括垫层材料种类、配合比、厚度。

3）计算规则。按设计图示尺寸以立方米计算。

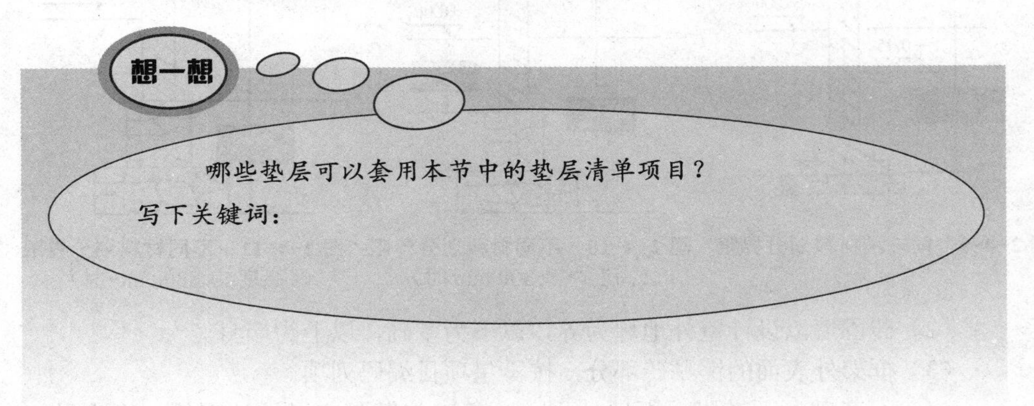

笔记

（5）空斗墙。

1）基本概念。空斗墙是以普通黏土砖砌筑而成的空心墙体，民居中常采用，墙厚一般为 240 mm，采取无眠空斗、一眠一斗、一眠三斗等几种砌筑方法。所谓“斗”是指墙体中由两皮侧砌砖与横向拉结砖所构成的空间，而“眠”则是墙体中沿纵向平砌的一皮顶砖。

一砖厚的空斗墙与同厚的实墙体相比，可节省砖 20% 左右，可减轻自重，常在三层及三层以下的民用建筑中采用，但下列情况又不宜采用：土质软弱可能引起建筑物不均匀沉陷得地区；建筑物有振动荷载时；地震烈度在 7 度及 7 度以上的地区。

2）工作内容。空斗墙的工作内容包括砂浆制作、运输，砌砖，装填充料，刮缝，材料运输等。

3）项目特征。空斗墙的项目特征包括以下几项：

①砖品种、规格、强度等级；

②墙体类型；

③砂浆强度等级、配合比。

4）计算规则。空斗墙工程量按设计图示尺寸以空斗墙外形体积计算。墙角、内外墙交接处、门窗洞口立边、窗台砖、屋檐处的实砌部分体积并入空斗墙体积。

5）有关说明。空斗墙项目适用各种砌法的空斗墙应注意，空间墙、窗台下、楼板下、梁头下的实砌部分，应按零星砌砖项目另行列项计算。

3．“计算规范”的有关规定

（1）基础与墙（柱）身使用同一种材料时，以设计室内地面为界（有地下室者，以地下室室内设计地面为界），以下为基础，以上为墙（柱）身。基础与墙身使用不同材料时，位于设计室内地面高度≤ ±300 mm 时，以不同材料为分界线，高度＞ ±300 mm 时，以设计室内地面为分界线，如图 2-4-9 ～图 2-4-11 所示。

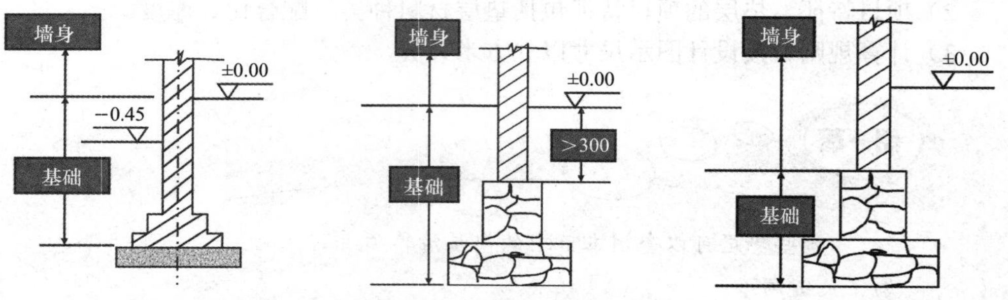

图 2-4-9　同一种材料划分界限　图 2-4-10　不同材料划分界限（高度＞ ±300 mm 时）　图 2-4-11　不同材料划分界限（高度≤ ±300 mm时）

（2）砖围墙以设计室外地坪为界，以下为基础，以上为墙身。

（3）框架外表面的镶贴砖部分，按零星项目编码列项。

（4）石基础、石勒脚、石墙的划分：基础与勒脚应以设计室外地坪为界。勒脚与墙身应以设计室内地面为界。石围墙内外地坪标高不同时，应以较低地坪标高为界，以下为基础；内外标高之差为挡土墙时，挡土墙以上为墙身。

（5）除混凝土垫层应按“计算规范”附录 E 中相关项目编码列项外，没有包括垫层要求的清单项目应按“计算规范”表 D.4 垫层项目编码列项。

2.4.2　砌筑工程工程量计算

任务描述中砌筑工程的清单工程量计算见表 2-4-2。

表 2-4-2　清单工程量计算表

序号	清单项目编码	清单项目名称	计算式	工程量	计量单位
1	010404001001	垫层	$L_{外}$=（27.2+12.1）×2=78.6（m） $L_{内}$=8−1.54=6.46（m） V=(78.6+6.46)×1.54× 0.15=19.65(m^3)	19.65	m^3

续表

序号	清单项目编码	清单项目名称	计算式	工程量	计量单位
2	010403001001	石基础	$L_{外}$=78.6 m $L_{内1}$= 8−1.14=6.86（m） $L_{内2}$= 8−0.84=7.16（m） $L_{内3}$= 8−0.54=7.46（m） V=（78.6+6.86）×1.14 ×0.35+（78.6+7.16）×0.84×0.35 +（78.6+7.46）×0.54 ×0.35 =75.58（m^3）	75.58	m^3
3	010401001001	砖基础	$L_{外}$=78.6 m $L_{内}$=8−0.24=7.76（m） V=(78.6+7.76)×0.24× 0.85=17.62(m^3)	17.62	m^3

2.4.3　砌筑工程分部分项工程量清单编制

任务描述中的分部分项工程量清单编制见表 2–4–3。

表 2–4–3　分部分项工程量清单与计价表

序号	项目编码	项目名称	项目特征	计量单位	工程量	金额 / 元	
						综合单价	合价
1	010404001001	垫层	垫层材料种类、配合比、厚度：3 ： 7 灰土，150 mm 厚	m^3	19.65		
2	010403001001	石基础	1．石料种类、规格：清条石、1 000 mm×300 mm×300 mm 2．基础类型：条形基础 3．砂浆强度等级：M7.5 水泥砂浆	m^3	75.58		
3	010401001001	砖基础	1．砖品种、规格、强度等级：页岩砖、240 mm×115 mm×53 mm、MU7.5 2．基础类型：条形基础 3．砂浆强度等级：M5 水泥砂浆	m^3	17.62		

2.4.4　砌筑工程综合单价确定

1．垫层

（1）确定工作内容：灰土垫层。

（2）计算计价工程量：同清单工程量 19.65 m^3。

（3）根据计价工程量套消耗量定额，选套定额：2–1–13 ：7 灰土垫层机械振动。

（4）套取 2017 年山东省价目表，2–1–1 增值税（一般计税）单价为 1 788.06 元 /（10 m^3），其中人工费为 653.60 元 /（10 m^3），材料费 1 121.69 元 /（10 m^3），

笔记

机械费 12.77 元 /（10 m^3）。

定额说明中指出：垫层定额按地面垫层编制。若为基础垫层，人工、机械分别乘以下列系数：条形基础 1.05，独立基础 1.10，满堂基础 1.00。

该工程是条形基础垫层，所以需要换算 2–1–1 的单价，人工、机械分别乘以系数 1.05。

2–1–1 换算后的单价 =653.60×1.05+1 121.69+12.77×1.05

=1 821.38［元 /（10 m^3）］

（5）计算清单项目工、料、机价款：

19.65÷10×1 821.38=3 579.01（元）

其中　　人工费 =19.65÷10×653.60×1.05=1 348.54（元）

（6）确定管理费费率、利润率分别为 25.6% 、15.0%。

（7）合价：

合价 = 3 579.01+1 348.54×（25.6%+15%）=4 126.52（元）

（8）综合单价：

综合单价 = 合价 ÷ 工程量 = 4 126.52÷19.65=210.00（元）

以上是反算法。如果用正算法，需要分别计算清单项目的每计量单位工程数量，应包含的某项工作内容的工程量。

计价工程量 / 清单项目工程量 =19.65÷19.65=1

综合单价 =1 821.38÷10+653.60×1.05÷10×（25.6%+15%）=210.00（元）

2．石基础

（1）确定工作内容：砌毛石基础。

（2）计算计价工程量：同清单工程量 75.58 m^3

（3）根据计价工程量套消耗量定额，选套定额：4–3–1 M5.0 水泥砂浆砌筑毛石基础。

（4）套取 2017 年山东省价目表，4–3–1 增值税（一般计税）单价为 2 865.39 元 /（10 m^3），其中人工费为 860.70 元 /（10 m^3）。因砌筑石基础实际使用的砂浆是 M7.5 水泥砂浆，所以需要换算 4–3–1 的单价。

4–3–1 换算后的单价 =2 865.39+3.986 2×（193.77–184.53）=2 902.22［元 /（10 m^3）］

（5）计算清单项目工、料、机价款：

75.58÷10×2 902.22=21 934.98（元）

其中　　人工费 = 75.58÷10×860.70=6 505.17（元）

（6）确定管理费费率、利润率分别为 25.6% 、15.0%。

（7）合价：

合价 =21 934.98+ 6 505.17×（25.6%+15%）=24 576.08（元）

（8）综合单价：

综合单价 = 合价 ÷ 工程量 =24 576.08÷75.58=325.1（元）

3．砖基础

（1）确定工作内容：砌砖基础。

（2）计算计价工程量：同清单工程量 17.62 m^3。

（3）根据计价工程量套消耗量定额，选套定额：4-1-1 M5.0 水泥砂浆砌筑砖基础。

（4）套取 2017 年山东省价目表，4-1-1 增值税（一般计税）单价为 3 493.09 元 /（10 m^3），其中人工费为 1 042.15 元 /（10 m^3）。

（5）计算清单项目工、料、机价款：

17.62÷10×3 493.09=6 154.82（元）

其中　　人工费 = 17.62÷10×1 042.15=1 836.27（元）

（6）确定管理费费率、利润率分别为 25.6%、15.0%。

（7）合价：

合价 =6 154.82+ 1 836.27×（25.6%+15%）=6 900.35（元）

（8）综合单价：

综合单价 = 合价 ÷ 工程量 = 6 900.35÷17.62=391.62（元）

将计算结果填入表 2-4-3 综合单价和合价，表格略。

任务总结

（1）注意基础与墙身的划分界限。基础与墙（柱）身使用同一种材料时，以设计室内地面为界（有地下室者，以地下室室内设计地面为界），以下为基础，以上为墙（柱）身。基础与墙身使用不同材料时，位于设计室内地面高度 ≤ ±300 mm 时，以不同材料为分界线；高度 ＞ ±300 mm 时，以设计室内地面为分界线。

（2）砖基础如果做水平防潮层，项目特征描述应描述防潮层，报价时防潮层应考虑在报价内。

（3）石基础按设计图示尺寸以体积计算。灰土垫层应按“计算规范”附录 D“垫层”项目编码列项。

（4）砌筑石基础的砂浆强度等级为 M7.5 水泥砂浆，与定额中的 M5.0 水泥砂浆强度等级不同，如果使用价目表价格需进行换算。

（5）综合单价应结合项目特征和工程实际计算确定。

实践训练与评价

1．实践训练

根据附录中“1 号办公楼”施工图纸，以小组为单位，计算二层外墙及 B 轴内墙砌体工程量。编制砌体墙分部分项工程量清单并报价，墙体材质改为加气混凝土砌块墙。将学习成果填入表 2-4-4，任务配分权重见表 2-4-5。

实践训练答案一
砌体墙

（1）工程量计算过程：

（2）综合单价确定过程：

（3）填写分部分项工程量清单与计价表。

表 2-4-4　分部分项工程量清单与计价表

序号	项目编码	项目名称	项目特征	计量单位	工程量	金额 / 元	
						综合单价	合价
1							
2							

2．任务评价

表 2-4-5　本任务配分权重表

任务内容			评价指标	配分	得分
分部分项工程量清单编制（50%）	1	套取清单项	砌块墙套取工程量清单项目准确、项目编码、项目名称、计量单位准确	20	
	2	清单工程量计算	砌块墙清单工程量计算准确	40	
	3	项目特征描述	砌块墙项目特征描述准确、全面、无歧义	20	
	4	工作态度	工作认真仔细，一丝不苟	10	
	5	团队合作	团队成员互帮互助，配合默契	10	
分部分项工程量清单报价（50%）	1	确定工作内容	砌块墙确定工作内容准确	15	
	2	计价工程量计算	砌块墙计价工程量计算准确	30	
	3	套取定额	砌块墙套取定额合理	15	
	4	综合单价计算	砌块墙综合单价计算流程准确、报价合理	20	
	5	工作态度	工作认真仔细，一丝不苟	10	
	6	团队合作	团队成员互帮互助，配合默契	10	

笔记

任务 2.5　混凝土及钢筋混凝土工程计量与计价

任务目标

1．熟悉箱式满堂基础的列项方法；

2．熟悉有梁板、无梁板、平板的区别；

3．掌握有梁板、无梁板、平板工程量的计算规则；

4．掌握现浇混凝土楼梯清单工程量的计算方法，楼梯与楼板的分界线；

5．掌握现浇混凝土柱、梁、板、基础、墙、楼梯等分部分项工程量清单编制程序；

6．能够正确描述各分部分项工程的项目特征；

7．能够准确编制实际工程各分部分项工程量清单；

8．能够合理确定各分部分项工程的综合单价和合价。

任务描述

某工程C30现浇混凝土矩形柱截面尺寸为400 mm×400 mm，柱高为3.6 m，共10根，混凝土全部为搅拌机现场搅拌。试编制矩形柱分部分项工程量清单并进行报价。

任务实施

2.5.1 学习混凝土工程相关知识

1．混凝土及钢筋混凝土工程的工程量清单项目设置

混凝土及钢筋混凝土工程主要包括现浇混凝土基础、现浇混凝土柱、现浇混凝土梁、现浇混凝土墙、现浇混凝土板、现浇混凝土楼梯、现浇混凝土其他构件、后浇带、预制混凝土柱、预制混凝土梁、预制混凝土屋架、预制混凝土板、预制混凝土楼梯、其他预制构件、钢筋工程、螺栓铁件、相关问题及说明等内容。混凝土及钢筋混凝土工程的工程量清单项目设置、项目特征描述的内容、计量单位及工程量计算规则，应分别按“计算规范”表E.1～表E.14的规定执行。“计算规范”表E.1～表E.16的部分内容见表2-5-1。

表2-5-1 混凝土及钢筋混凝土工程

<table>
<tr><th>项目编码</th><th>项目名称</th><th>项目特征</th><th>计量单位</th><th>工程量计算规则</th><th>工作内容</th></tr>
<tr><td>010501001</td><td>垫层</td><td rowspan="4">1. 混凝土种类
2. 混凝土强度等级</td><td rowspan="4">m^3</td><td rowspan="2">按设计图示尺寸以体积计算。不扣除伸入承台基础的桩头所占体积</td><td rowspan="2">1．模板及支撑制作、安装、拆除、堆放、运输及清理模内杂物、刷隔离剂等
2．混凝土制作、运输、浇筑、振捣、养护</td></tr>
<tr><td>010501004</td><td>满堂基础</td></tr>
<tr><td>010502001</td><td>矩形柱</td><td rowspan="2">按设计图示尺寸以体积计算
柱高：
1．有梁板的柱高，应自柱基上表面（或楼板上表面）至上一层楼板上表面之间的高度计算
2．无梁板的柱高，应自柱基上表面（或楼板上表面）至柱帽下表面之间的高度计算
3．框架柱的柱高，应自柱基上表面至柱顶高度计算
4．构造柱按全高计算，嵌接墙体部分（马牙搓）并入柱身体积
5．依附柱上的牛腿和升板的柱帽，并入柱身体积计算</td><td rowspan="2">1．模板及支架（撑）制作、安装、拆除、堆放、运输及清理模内杂物、刷隔离剂等
2．混凝土制作、运输、浇筑、振捣、养护</td></tr>
<tr><td>010502002</td><td>构造柱</td></tr>
</table>

2．混凝土及钢筋混凝土工程的分部分项工程量清单编制方法

（1）带形基础。

1）基本概念。当建筑物上部结构采用墙承重时，基础沿墙设置，多做成长条形，这时称为带形基础。带形基础可分为无梁式带形基础和有梁式带形基础，如图 2–5–1、图 2–5–2 所示。

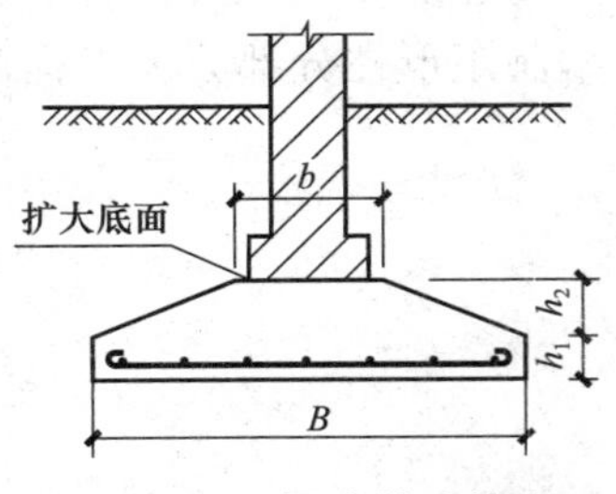

图 2–5–1　无梁式带形基础

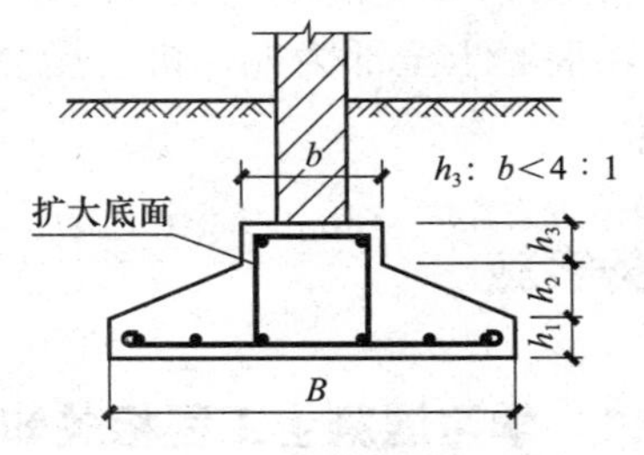

图 2–5–2　有梁式带形基础

2）工作内容。带形基础的工作内容包括模板及支撑制作、安装、拆除、堆放、运输及清理模内杂物、刷隔离剂等；混凝土制作、运输、浇筑、振捣、养护。

3）项目特征。带形基础的项目特征包括以下几项：

①混凝土类别；

②混凝土强度等级。

4）计算规则。带形基础工程量按设计图示尺寸以体积计算，不扣除伸入承台基础的桩头所占体积。

5）有关说明。有肋带形基础、无肋带形基础应按"计算规范"表 E.1 中相关项目列项，并注明肋高。

（2）独立基础。

1）基本概念。当建筑物上部结构采用框架结构或单层排架结构承重时，基础常采用矩形的单独基础，这类基础称为独立基础。常见的独立基础有阶梯形的、锥形的、杯口形的基础等。

2）工作内容。独立基础的工作内容同带形基础。

3）项目特征。独立基础的项目特征同带形基础。

4）计算规则。独立基础的计算规则同带形基础。

5）有关说明。如为毛石混凝土基础，项目特征应描述毛石所占比例。

（3）桩承台基础。桩承台基础项目适用于浇筑在组桩上（如梅花桩）的承台。计算工程量时，不扣除伸入承台体积内的桩头所占体积（图 2–5–3、图 2–5–4）。

桩承台基础的工作内容、项目特征、计算规则同带形混凝土基础。

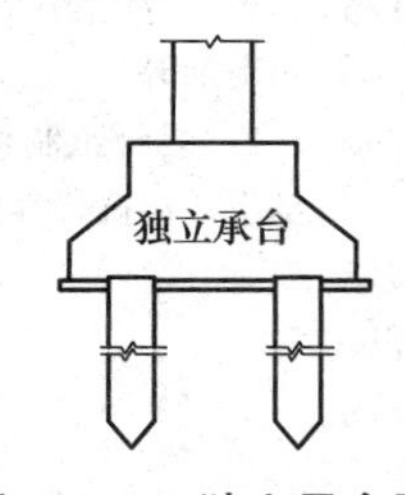

图 2–5–3　独立承台图

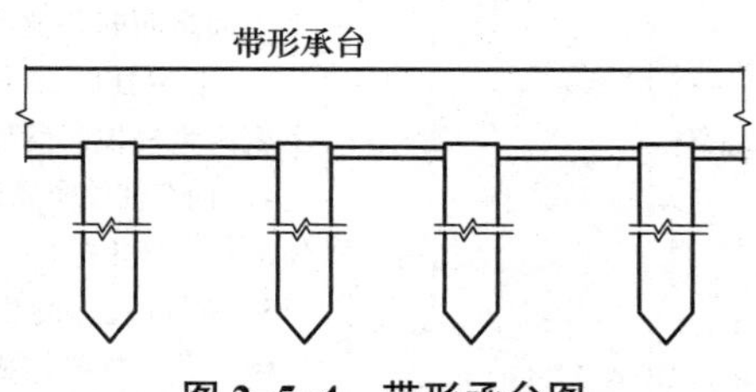

图 2–5–4　带形承台图

（4）满堂基础。满堂基础项目适用地下室的箱形基础（图 2-5-5）、筏形基础等。

满堂基础的工作内容、项目特征、计算规则同带形混凝土基础。

满堂基础可分为无梁式满堂基础（图 2-5-6）和有梁式满堂基础（图 2-5-7）

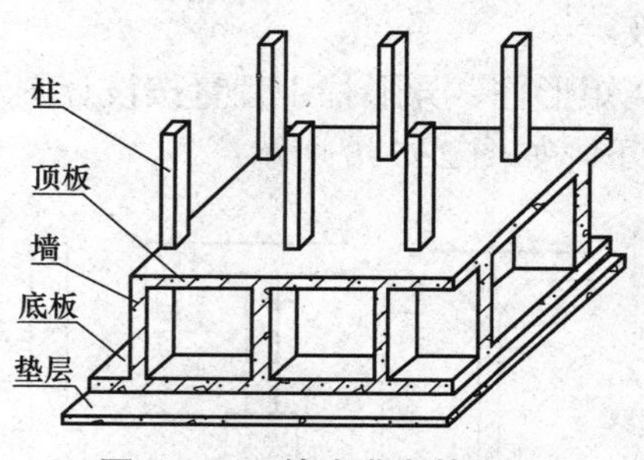

图 2-5-5　箱式满堂基础图

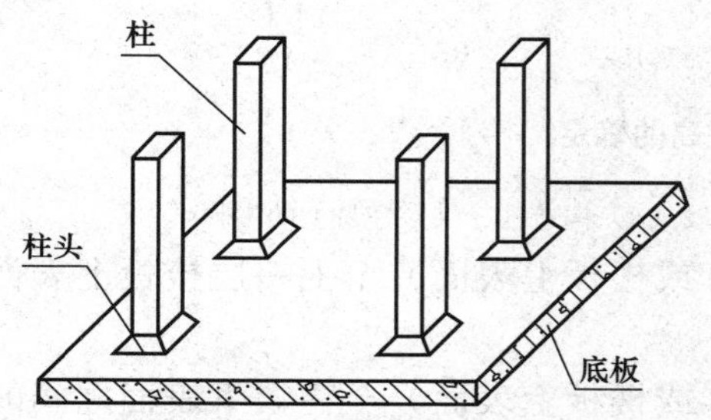

图 2-5-6　无梁式满堂基础

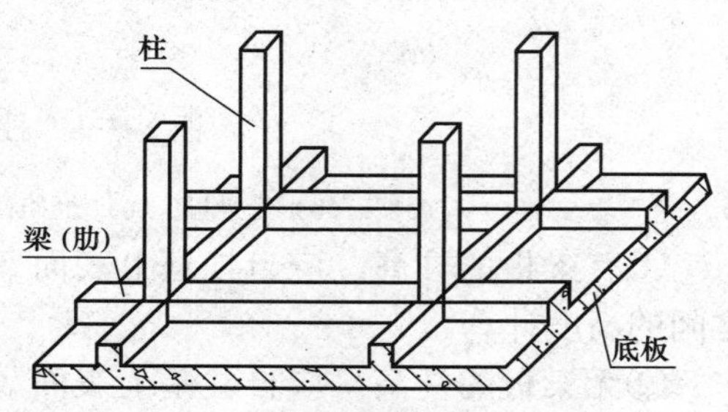

图 2-5-7　有梁式满堂基础

笔记

满堂基础有关说明：

1）箱式满堂基础中柱、梁、墙、板按“计算规范”表 E.2 ～表 E.5 相关项目分别编码列项；箱式满堂基础底板按表 E.1 的满堂基础项目列项。

2）框架式设备基础中柱、梁、墙、板分别按“计算规范”表 E.2 ～表 E.5 相关项目编码列项；基础部分按表 E.1 相关项目编码列项。

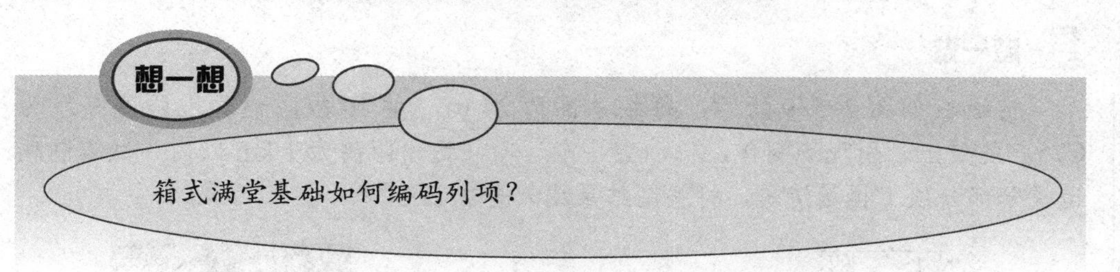

（5）现浇矩形柱、异形柱。

1）工作内容。现浇矩形柱、异形柱的工程内容包括模板及支架（撑）制作、安装、拆除、堆放、运输及清理模内杂物、刷隔离剂等；混凝土制作、运输、浇筑、振捣、养护。

2）项目特征。

①现浇矩形柱的项目特征如下：

a．混凝土类别；

b．混凝土强度等级。

②现浇异形柱的项目特征如下：

a．柱形状；

b．混凝土类别；

c．混凝土强度等级。

3）计算规则。现浇矩形柱、异形柱工程量按设计图示尺寸以体积计算。

确定柱高的规定如下，如图 2-5-8 所示：

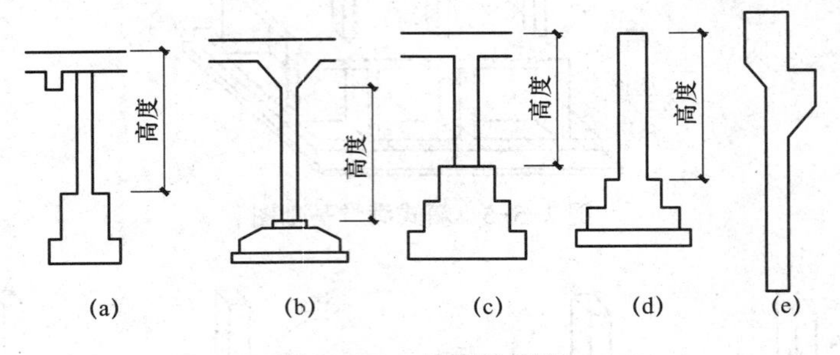

图 2-5-8　柱高的确定

（a）有梁板；（b）无梁板；（c）框架柱；（d）构造柱；（e）柱身上的牛腿

①有梁板的柱高，应自柱基上表面（或楼板上表面）至上一层楼板上表面之间的高度计算。

②无梁板的柱高，应自柱基上表面（或楼板上表面）至柱帽下表面之间的高度计算。

③框架柱的柱高，应自柱基上表面至柱顶高度计算。

④构造柱按全高计算，嵌接墙体部分（马牙槎）并入柱身体积。

⑤依附柱上的牛腿和升板的柱帽，并入柱身体积计算。

4）有关说明。混凝土种类是指清水混凝土、彩色混凝土等，如在同一地区既使用预拌（商品）混凝土、又允许现场搅拌混凝土时，也应注明。

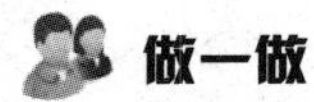

做一做

构造柱如图 2-5-9 所示，每根总高为 24 m，共 16 根，混凝土强度等级为 C25，混凝土采用现场制作，机动翻斗车运输，运输距离为 1 km 以内。试编制构造柱分部分项工程量清单，将编制结果填入表 2-5-2 中。

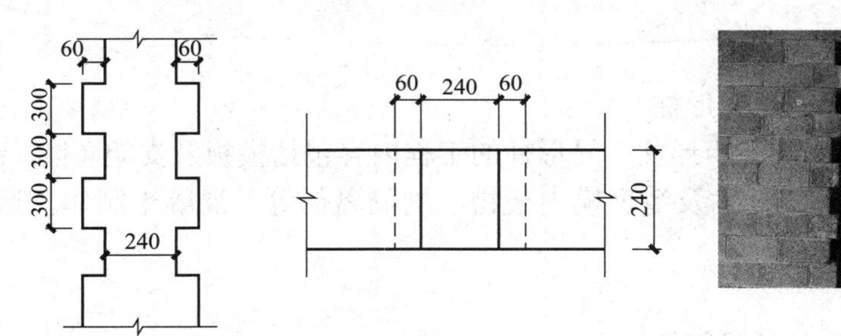

图 2-5-9　构造柱

表 2-5-2　分部分项工程量清单与计价表

项目编码	项目名称	项目特征	计量单位	工程数量	金额 / 元	
					综合单价	合价

（6）现浇矩形梁。

1）工作内容。现浇混凝土矩形梁的工作内容包括模板及支架（撑）制作、安装、拆除、堆放、运输及清理模内杂物、刷隔离剂等；混凝土制作、运输、浇筑、振捣、养护。

2）项目特征。现浇混凝土矩形梁的项目特征包括以下几项：

①混凝土类别；

②混凝土强度等级。

3）计算规则。现浇混凝土矩形梁工程量按设计图示尺寸以体积计算。伸入墙内的梁头、梁垫并入梁体积。

梁长：

①梁与柱连接时，梁长算至柱侧面；

②主梁与次梁连接时，次梁长算至主梁侧面。

（7）直形墙。

1）工作内容。现浇直形墙的工作内容包括模板及支架（撑）制作、安装、拆除、堆放、运输及清理模内杂物、刷隔离剂等；混凝土制作、运输、浇筑、振捣、养护。

2）项目特征。现浇直形墙的项目特征包括以下几点：

①混凝土种类；

②混凝土强度等级。

3）计算规则。现浇直形墙工程量按设计图示尺寸以体积计算。扣除门窗洞口及单个面积＞0.3 m^2 的孔洞所占的体积，墙垛及凸出墙面部分并入墙体体积计算。

4）有关说明。

①短肢剪力墙是指截面厚度不大于 300 mm、各肢截面高度与厚度之比的最大值大于 4 但不大于 8 的剪力墙。

②各肢截面高度与厚度之比的最大值不大于4的剪力墙按柱项目编码列项。

（8）有梁板、无梁板、平板。

1）基本概念。现浇有梁板是指在同一平面内相互正交式的密肋板，或者由主梁、次梁相交的井字梁板，无梁板是指无梁且直接用柱子支撑的楼板；平板是指直接支撑在墙上的现浇楼板。

2）工作内容。有梁板、无梁板、平板的工作内容包括模板及支架（撑）制作、安装、拆除、堆放、运输及清理模内杂物、刷隔离剂等；混凝土制作、运输、浇筑、振捣、养护。

3）项目特征。现浇有梁板、无梁板、平板的项目特征包括以下几项：

笔记

①混凝土种类；

②混凝土强度等级。

4）计算规则。有梁板、无梁板、平板工程量按设计图示尺寸以体积计算，不扣除单个面积≤ 0.3 m^2 的柱、垛以及孔洞所占的体积。压形钢板混凝土楼板扣除构件内压形钢板所占的体积。有梁板（包括主、次梁与板）按梁、板体积之和计算，无梁板按板和柱帽体积之和计算，各类板伸入墙内的板头并入板体积，薄壳板的肋、基梁并入薄壳体积计算，如图 2-5-10 ～图 2-5-12 所示。

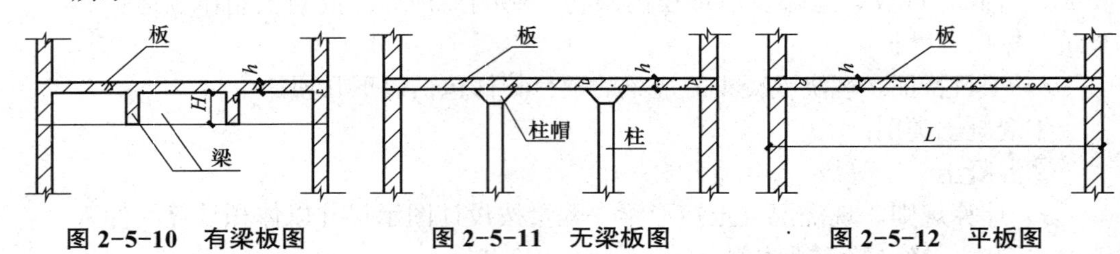

图 2-5-10　有梁板图　　图 2-5-11　无梁板图　　图 2-5-12　平板图

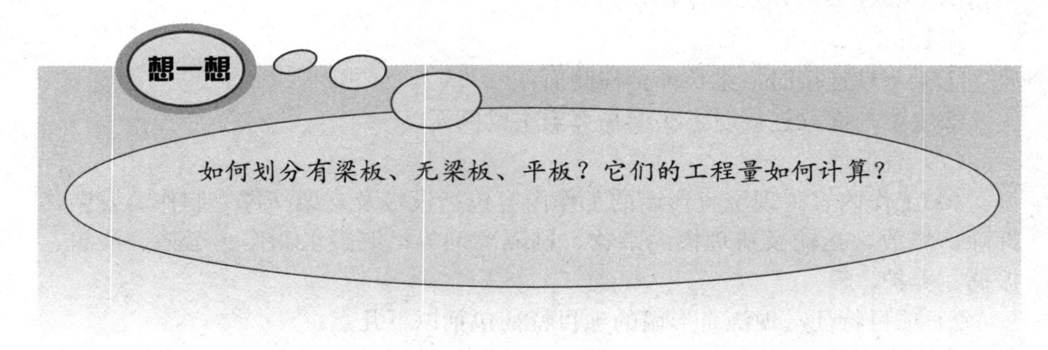

（9）现浇直形楼梯、弧形楼梯。

1）工作内容。现浇直形楼梯、弧形楼梯的工作内容包括模板及支架（撑）制作、安装、拆除、堆放、运输及清理模内杂物、刷隔离剂等；混凝土制作、运输、浇筑、振捣、养护。

2）项目特征。现浇直形楼梯、弧形楼梯的项目特征包括以下几点：

①混凝土种类；

②混凝土强度等级。

3）计算规则。

①以平方米计量，按设计图示尺寸以水平投影面积计算。不扣除宽度≤ 500 mm 的楼梯井，伸入墙内部分不计算。

②以立方米计量， 按设计图示尺寸以体积计算。

4）有关说明。

①整体楼梯（包括直形楼梯、弧形楼梯）水平投影面积包括休息平台、平台梁、斜梁和楼梯的连接梁。

②当整体楼梯与现浇楼板无梯梁连接时，以楼梯的最后一个踏步边缘加 300 mm 为界。楼梯与楼板划分界限如图 2-5-13 所示。

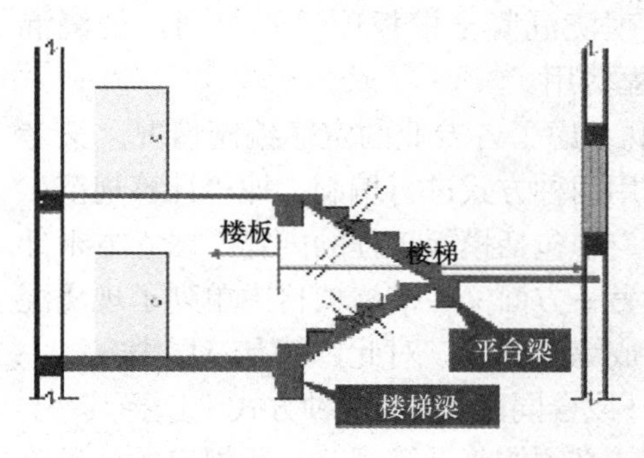

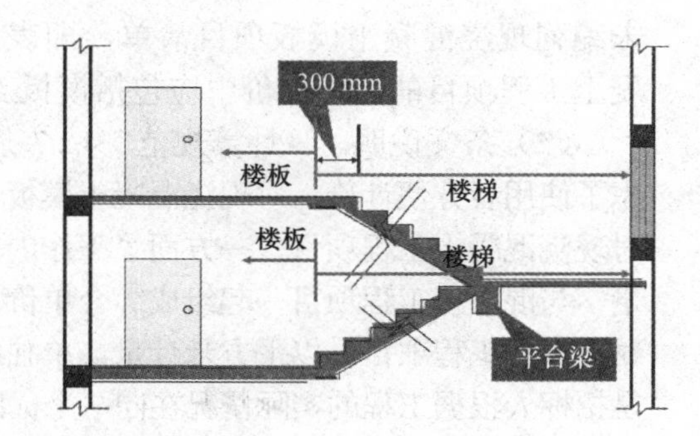

图 2-5-13　楼梯与楼板划分界限

（10）后浇带。

1）基本概念。后浇带是为在现浇钢筋混凝土施工过程中，克服由于温度、收缩而可能产生有害裂缝而设置的临时施工缝。该缝需根据设计要求保留一段时间后再浇筑，将整个结构连成整体。

2）工作内容。后浇带的工作内容包括模板及支架（撑）制作、安装、拆除、堆放、运输及清理模内杂物、刷隔离剂等，混凝土制作、运输、浇筑、振捣、养护及混凝土交接面、钢筋等的清理。

3）项目特征。后浇带的项目特征包括以下几项：

①混凝土种类；

②混凝土强度等级。

4）计算规则。后浇带工程量按设计图示尺寸以体积计算。

5）有关说明。后浇带适用梁、墙、板的后浇带。板的后浇带如图 2-5-14 所示。

图 2-5-14　板的后浇带

（11）现浇构件钢筋。

1）工作内容。现浇构件钢筋工作内容包括钢筋制作、运输，钢筋安装，焊接（绑扎）。

2）项目特征。现浇构件钢筋的项目特征包括钢筋种类、规格。

3）计算规则。现浇构件钢筋工程量按设计图示钢筋（网）长度（面积）乘单位理论质量计算。

4）有关说明。

①现浇构件中伸出构件的锚固钢筋应并入钢筋工程量。除设计（包括规范规定）标明的搭接外，其他施工搭接不计算工程量，在综合单价中综合考虑。

②现浇构件中固定位置的支撑钢筋、双层钢筋用的“铁马”在编制工程量清单时，其工程数量可为暂估量，结算时按现场签证数量计算。

3．“计算规范”的有关规定

（1）“计算规范”4.2.7 条规定。“计算规范”现浇混凝土工程项目“工作内容”中包括模板工程的内容，同时又在措施项目中单列了现浇混凝土模板工程项目。对此，招标人应根据工程实际情况选用，若招标人在措施项目清单中未编列现浇混凝土模板项目清单，即表示现浇混凝土模板项目不单列，现浇混凝土工程项目的综合单价中应包括模板工程费用。

（2）条文说明。“计算规范”4.2.7条既考虑了各专业的定额编制情况，又考虑了使用者方便计价，对现浇混凝土模板采用两种方式进行编制，即“计算规范”对现浇混凝土工程项目，一方面“工作内容”中包括模板工程的内容，以立方米计量，与混凝土工程项目一起组成综合单价；另一方面又在措施项目中单列了现浇混凝土模板工程项目，以平方米计量，单独组成综合单价。对此，就有三层内容：一是招标人根据工程的实际情况在同一个标段（或合同段）中在两种方式中选择其一；二是招标人若采用单列现浇混凝土模板工程，必须按“计算规范”所规定的计量单位，项目编码、项目特征描述列出清单，同时现浇混凝土项目中不含模板的工程费用；三是若招标人若不单列现浇混凝土模板工程项目，不再编列现浇混凝土模板项目清单，现浇混凝土工程项目的综合单价中包括了模板的工程费用。

2.5.2　混凝土工程工程量计算

矩形柱工程量计算规则：按设计图示尺寸以体积计算。不扣除构件内钢筋，预埋铁件所占体积。

任务描述中的矩形柱工程量：0.40×0.40×3.60×10=5.76（m^3）

2.5.3　混凝土工程分部分项工程量清单编制

将上述结果及相关内容填入“分部分项工程量清单与计价表”表格，见表2-5-3。

表 2-5-3　分部分项工程量清单与计价表

项目编码	项目名称	项目特征	计量单位	工程数量	综合单价	合价
010502001001	矩形柱	1. 混凝土类别：现场搅拌混凝土； 2. 混凝土强度等级：C30	m^3	5.76		

2.5.4　混凝土工程综合单价确定

（1）确定工作内容：混凝土制作、浇筑。

（2）根据现行定额（或企业定额）计算规则计算各工程内容的工程数量——计价工程量：

浇筑柱：0.40×0.40×3.60×10=5.76（m^3）

现场制作混凝土：5.76×9.8 691÷10=5.68（m^3）

（3）根据计价工程量套消耗量定额，选套定额：5-1-14 C30矩形柱浇筑；5-3-2 现场搅拌机搅拌混凝土、柱、梁、板、墙。

（4）套取 2017 年山东省价目表，5-1-14 增值税（一般计税）单价为 5 326.18 元 /（10 m^3），其中人工费为 1 635.90 元 /（10 m^3）；5-3-2 增值税（一般计税）单价为 363.21 元 /10 m^3，其中人工费为 176.70 元 /（10 m^3）。

（5）计算清单项目工、料、机价款：

5-1-14　　5.76÷10×5 326.18=3 067.88（元）

其中　　人工费 =5.76÷10×1 635.90=942.28（元）

5-3-2　　5.68÷10×363.21=206.30（元）

其中　　人工费 = 5.68÷10×176.70=100.37（元）

（6）确定管理费费率、利润率分别为 25.6%、15.0%。

（7）合价：

合价 =（3 067.88+206.30）+（942.28+100.37）×（25.6%+15%）=3 697.50（元）

（8）综合单价：

综合单价 = 合价 ÷ 工程量 = 3 697.50÷5.76=641.93（元）

将以上结果填入表 2-5-4。

表 2-5-4　分部分项工程量清单与计价表

项目编码	项目名称	项目特征	计量单位	工程量	金额 / 元	
					综合单价	合价
010502001001	矩形柱	1. 混凝土种类：现场搅拌混凝土； 2. 混凝土强度等级：C30	m^3	5.76	641.93	3 697.50

笔记

任务总结

（1）混凝土种类：指清水混凝土、彩色混凝土等，如在同一地区既使用预拌（商品）混凝土，又允许现场搅拌混凝土时，也应注明。

（2）计算矩形柱的计价工程量时，应注意搅拌制作混凝土的工程量为浇筑混凝土工程量乘以损耗系数得出。

（3）混凝土构件报价时模板支撑的报价可以放在分部分项中，也可以在措施项目中单列。

（4）现场搅拌混凝土与预拌混凝土组价时考虑的工作内容不同。

实践训练与评价

1．实践训练

实践训练一：根据附录中“1 号办公楼”工程图纸，计算 3.55 m 标高 KL7 清单工程量。以小组为单位，编制 KL7 分部分项工程量清单并进行报价。

实践训练二：根据附录中“1 号办公楼”工程图纸，以小组为单位，编制 3.55 m 标高现浇混凝土楼板的分部分项工程量清单并进行报价。本工程采用商品混凝土，混凝土单价 440 元 /m^3（价格中包含运输费及泵送费）。

实践训练三：根据附录中“1 号办公楼”工程图纸，计算 3.55 m 标高 KL4 中钢筋工程量，以小组为单位，编制现浇构件钢筋的分部分项工程量清单并进行报价。

将学习成果填入表 2-5-5，任务配分权重见表 2-5-6。

（1）工程量计算过程：

1）矩形梁；

2）现浇混凝土板；

3）钢筋。

（2）综合单价确定过程：

1）矩形梁；

2）现浇混凝土板；

3）钢筋。

（3）填写分部分项工程量清单与计价表。

实践训练答案—梁、板、钢筋

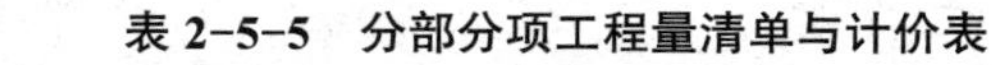

表 2-5-5　分部分项工程量清单与计价表

序号	项目编码	项目名称	项目特征	计量单位	工程量	金额 / 元	
						综合单价	合价
1							
2							
3							

笔记

2．任务评价

表 2-5-6　本任务配分权重表

任务内容		评价指标		配分	得分
分部分项工程量清单编制（50%）	1	套取清单项	梁套取工程量清单项目准确、项目编码、项目名称、计量单位准确	10	
	2		板套取工程量清单项目准确、项目编码、项目名称计量单位、准确	5	
	3		钢筋套取工程量清单项目准确、项目编码、项目名称计量单位、准确	5	
	4	清单工程量计算	梁清单工程量计算准确	20	
	5		板清单工程量计算准确	10	
	6		钢筋清单工程量计算准确	10	
	7	项目特征描述	梁项目特征描述准确、全面	10	
	8		板项目特征描述准确、全面	5	
	9		钢筋项目特征描述准确、全面	5	
	10	工作态度	工作认真仔细，一丝不苟	10	
	11	团队合作	团队成员互帮互助，配合默契	10	

续表

<table>
<tr><th colspan="2">任务内容</th><th colspan="2">评价指标</th><th>配分</th><th>得分</th></tr>
<tr><td rowspan="15">分部分项工程量清单报价（50%）</td><td>1</td><td rowspan="3">确定工作内容</td><td>梁确定工作内容准确</td><td>7</td><td></td></tr>
<tr><td>2</td><td>板确定工作内容准确</td><td>4</td><td></td></tr>
<tr><td>3</td><td>钢筋确定工作内容准确</td><td>4</td><td></td></tr>
<tr><td>3</td><td rowspan="3">计价工程量计算</td><td>梁计价工程量计算准确</td><td>15</td><td></td></tr>
<tr><td>4</td><td>板计价工程量计算准确</td><td>7</td><td></td></tr>
<tr><td>5</td><td>钢筋计价工程量计算准确</td><td>8</td><td></td></tr>
<tr><td>6</td><td rowspan="3">套取定额</td><td>梁套取定额合理</td><td>7</td><td></td></tr>
<tr><td>7</td><td>板套取定额合理</td><td>4</td><td></td></tr>
<tr><td>8</td><td>钢筋套取定额合理</td><td>4</td><td></td></tr>
<tr><td>9</td><td rowspan="3">综合单价计算</td><td>梁综合单价计算流程准确、报价合理</td><td>10</td><td></td></tr>
<tr><td>10</td><td>板综合单价计算流程准确、报价合理</td><td>5</td><td></td></tr>
<tr><td>11</td><td>钢筋综合单价计算流程准确、报价合理</td><td>5</td><td></td></tr>
<tr><td>12</td><td>工作态度</td><td>工作认真仔细，一丝不苟</td><td>10</td><td></td></tr>
<tr><td>13</td><td>团队合作</td><td>团队成员互帮互助，配合默契</td><td>10</td><td></td></tr>
</table>

笔记

任务 2.6　金属结构工程计量与计价

任务目标

1．掌握钢屋架、钢梁、实腹柱等分部分项工程量清单的编制方法；
2．掌握各分部分项的清单工程量和计价工程量的计算规则；
3．掌握项目特征的描述要求；
4．熟练掌握综合单价的确定方法及注意事项；
5．能够正确描述各分部分项工程的项目特征；
6．能够准确编制实际工程各分部分项工程量清单；
7．能够合理确定各分部分项工程的综合单价和合价。

任务描述

某工程钢屋架如图2–6–1所示，试编制钢屋架分部分项工程量清单并进行报价。

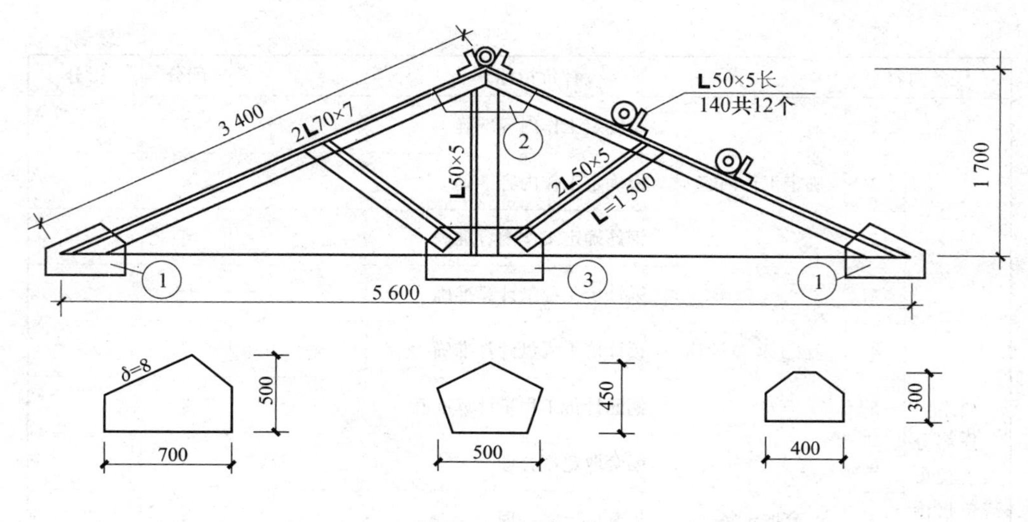

图 2-6-1　某工程钢屋架图

任务实施

2.6.1　学习金属工程相关知识

1．金属结构工程的工程量清单项目设置

金属结构工程主要包括钢网架，钢屋架、钢托架、钢桁架、钢桥架，钢柱，钢梁，钢板楼板、墙板，钢构件，金属制品等内容。金属结构工程的工程量清单项目设置、项目特征描述的内容、计量单位及工程量计算规则，应分别按“计算规范”表 F.1 ～表 F.7 的规定执行。“计算规范”表 F.1 ～表 F.7 的部分内容见表 2-6-1。

表 2-6-1　金属结构工程

项目编码	项目名称	项目特征	计量单位	工程量计算规则	工作内容
010602001	钢屋架	1．钢材品种、规格 2．单榀质量 3．屋架跨度、安装高度 4．螺栓种类 5．探伤要求 6．防火要求	1．榀 2．t	1．以榀计量，按设计图示数量计算 2．以吨计量，按设计图示尺寸以质量计算。不扣除孔眼的质量，焊条、铆钉、螺栓等不另增加质量	1．拼装 2．安装 3．探伤 4．补刷油漆
010603001	实腹钢柱	1．柱类型 2．钢材品种、规格 3．单根柱质量 4．螺栓种类 5．探伤要求 6．防火要求	t	按设计图示尺寸以质量计算。 不扣除孔眼的质量，焊条、铆钉、螺栓等不另增加质量，依附在钢柱上的牛腿及悬臂梁等并入钢柱工程量	

笔记

续表

项目编码	项目名称	项目特征	计量单位	工程量计算规则	工作内容
010606001	钢支撑、钢拉条	1．钢材品种、规格 2．构件类型 3．安装高度 4．螺栓种类 5．探伤要求 6．防火要求	t	按设计图示尺寸以质量计算，不扣除孔眼的质量，焊条、铆钉、螺栓等不另增加质量	1．拼装 2．安装 3．探伤 4．补刷油漆

2．金属结构工程的分部分项工程量清单编制方法

（1）钢屋架。

1）工作内容。钢屋架的工作内容包括拼装，安装，探伤，补刷油漆。

2）项目特征。钢屋架的项目特征包括以下几项：

①钢材品种、规格；

②单榀质量；

③屋架跨度、安装高度；

④螺栓种类；

⑤探伤要求；

⑥防火要求。

3）计算规则。钢屋架有两种计算方式：

①以榀计量，按设计图示数量计算；

②以吨计量，按设计图示尺寸以质量计算。不扣除孔眼的质量，焊条、铆钉、螺栓等不另增加质量。

4）有关说明。

①螺栓种类是指普通或高强度；

②以榀计量，按标准图设计的应注明标准图代号，按非标准图设计的项目特征必须描述单榀屋架的质量。

钢屋架如图 2-6-2 所示。

图 2-6-2　钢屋架

（2）实腹钢柱、空腹钢柱。

1）工作内容。实腹钢柱、空腹钢柱的工作内容包括拼装，安装，探伤，补刷油漆。

2）项目特征。实腹钢柱、空腹钢柱的项目特征包括以下几项：

①柱类型；

②钢材品种、规格；

③单根柱质量；

④螺栓种类；

⑤探伤要求；

⑥防火要求。

3）计算规则。实腹钢柱、空腹钢柱工程量按设计图示尺寸以质量计算。不

笔记

扣除孔眼的质量，焊条、铆钉、螺栓等不另增加质量，依附在钢柱上的牛腿及悬臂梁等并入钢柱工程量。

4）有关说明。

①实腹钢柱类型指十字形、T 形、L 形、H 形等；

②空腹钢柱类型指箱形、格构等；

③型钢混凝土柱浇筑钢筋混凝土，其混凝土和钢筋应按“计算规范”附录 E 混凝土及钢筋混凝土工程中相关项目编码列项。

课堂训练答案——实腹柱

做一做

某厂房实腹钢柱（主要以厚 16 mm 钢板制作）共 10 根，每根重 2.5 t，由附属加工厂制作，运至安装地点，运距为 2 km。试编制实腹钢柱分部分项工程量清单，将编制结果填入下面分部分项工程量清单与计价表 2-6-2。

表 2-6-2　分部分项工程量清单与计价表

项目编码	项目名称	项目特征	计量单位	工程量	金额 / 元	
					综合单价	合价

笔记

（3）钢支撑、钢拉条。

1）工作内容。钢支撑、钢拉条的工作内容包括拼装，安装，探伤，补刷油漆。

2）项目特征。钢支撑、钢拉条的项目特征包括以下几项：

①钢材品种、规格；

②构件类型；

③安装高度；

④螺栓种类；

⑤探伤要求；

⑥防火要求。

3）计算规则。钢支撑、钢拉条工程量按设计图示尺寸以质量计算。不扣除孔眼的质量，焊条、铆钉、螺栓等不另增加质量。

4）有关说明。钢支撑、钢拉条类型是指单式、复式；钢檩条类型是指型钢式、格构式；钢漏斗形式是指方形、圆形；天沟形式是指矩形沟或半圆形沟。

3．“计算规范”的有关规定

（1）“计算规范”4.2.9 条规定。金属结构构件按成品编制项目，构件成品价应计入综合单价，若采用现场制作，包括制作的所有费用。

（2）条文说明。本条中金属结构构件按照目前市场多以工厂成品化生产的实际，按成品编制项目，成品价应计入综合单价。若采用现场制作，包括制作的所有费用应进入综合单价，不得再单列金属构件制作的清单项目。

（3）其他相关问题按下列规定处理。

1）金属构件的切边，不规则及多边形钢板发生的损耗在综合单价中考虑。

2）防火要求是指耐火极限。

3）《山东省建筑工程消耗量定额》（SD 01-31—2016）中关于不规则及多边形钢板的计算规则如下：金属结构制作、安装工程量，按图示钢材尺寸以质量计算，不扣除孔眼、切边的质量。焊条、铆钉、螺栓等质量，已包括在定额内，不另计算。计算不规则或多边形钢板质量时，均以其最大对角线乘最大宽度的矩形面积计算，如图 2-6-3 所示。

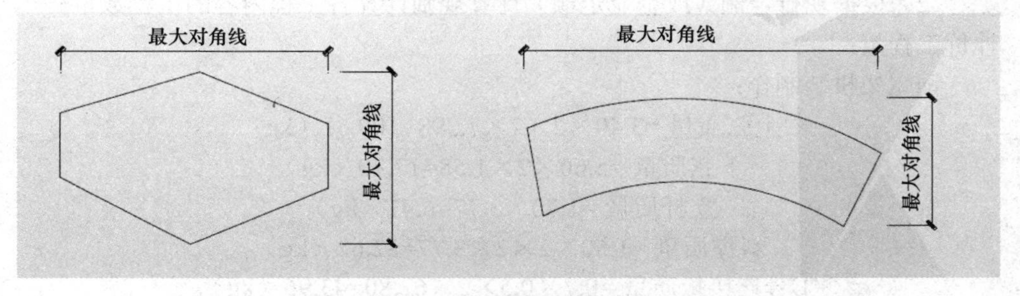

图 2-6-3　不规则钢板

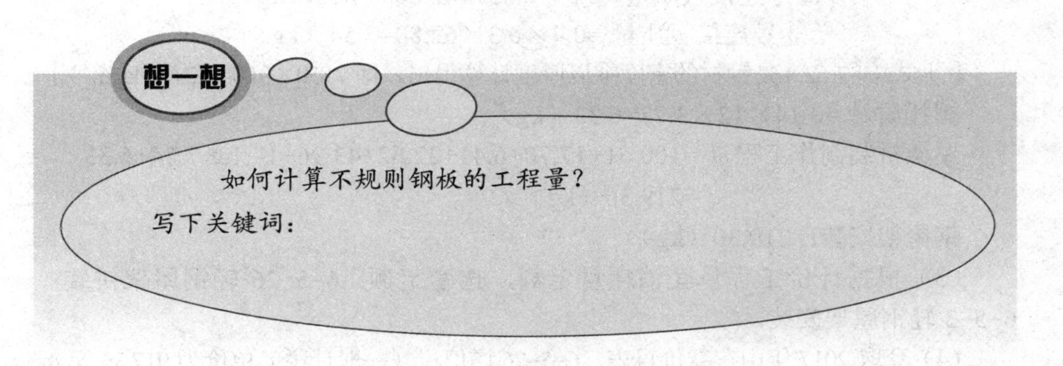

笔记

2.6.2　金属工程工程量计算

1．钢屋架工程量计算规则

（1）以榀计量，按设计图示数量计算；

（2）以吨计量，按设计图示尺寸以质量计算。不扣除孔眼的质量，焊条、铆钉、螺栓等不另增加质量。

2．工程量

工程量为 1 榀。

2.6.3　金属工程分部分项工程量清单编制

将上述结果及相关内容填入“分部分项工程量清单与计价表”表格，见表 2-6-3。

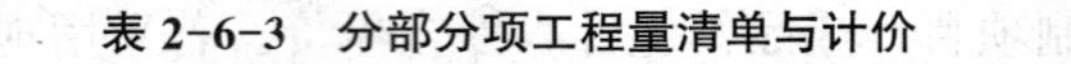

表 2-6-3　分部分项工程量清单与计价

微课：金属结构工程清单编制与计价

项目编码	项目名称	项目特征	计量单位	工程量	金额 / 元	
					综合单价	合价
010602001001	钢屋架	1. 钢材品种、规格； 2. 单榀质量：0.2 t； 3. 屋架跨度、安装高度：跨度 5.6 m	榀	1		

2.6.4　金属工程综合单价确定

（1）确定工作内容：钢屋架拼装、安装。

（2）根据现行定额（或企业定额）计算规则计算各工程内容的工程数量——计价工程量：

钢屋架拼装制作：

上弦质量 =3.40×2×2×7.398=100.61（kg）

下弦质量 =5.60×2×1.58=17.70（kg）

立杆质量 =1.70×3.77=6.41（kg）

斜撑质量 =1.50×2×2×3.77=22.62（kg）

①号连接板质量 =0.7×0.5×2×62.80=43.96（kg）

②号连接板质量 =0.5×0.45×62.80=14.13（kg）

③号连接板质量 =0.4×0.3×62.80=7.54（kg）

[上式中的 62.8 是钢材的密度乘以厚度计算得出，即 7850×0.008=62.8（kg/m^2）]

檩托质量 =0.14×12×3.77=6.33（kg）

屋架拼装制作工程量 =100.61+17.70+6.41+22.62+43.96+14.13+7.54+6.33
=219.30（kg）

钢屋架安装：219.30（kg）

（3）根据计价工程量套消耗量定额，选套定额：6-5-26 轻钢屋架拼装；6-5-3 轻钢屋架安装。

（4）套取 2017 年山东省价目表，6-5-26 增值税（一般计税）单价为 917.36 元 /t，其中人工费为 347.70 元 /t；6-5-3 增值税（一般计税）单价为 1 509.86 元 /t，其中人工费为 793.25 元 /t。

（5）计算清单项目工、料、机价款：

6-5-26　　0.219×917.36=200.90（元）

其中　　人工费 = 0.219×347.70=76.15（元）

6-5-3　　0.219×1 509.86=330.66（元）

其中　　人工费 = 0.219×793.25=173.72（元）

假设轻钢屋架成品价 7 000 元 /t，成品价也计入综合单价。

0.219×7 000=1 533（元）

（6）确定管理费费率、利润率分别为 25.6%、15.0%。

（7）合价：

合价 =（200.90+330.66+1 533）+（76.15+173.72）×（25.6%+15%）=2 166.01（元）

（8）综合单价：

综合单价 = 合价 ÷ 工程量 =2 166.01÷1=2 166.01（元）

将以上结果填入表 2-6-4。

表 2-6-4　分部分项工程量清单计价表

序号	项目编码	项目名称	项目特征	计量单位	工程量	金额 / 元	
						综合单价	合价
1	010602001001	钢屋架	1. 钢材品种、规格； 2. 单榀质量：0.2 t； 3. 屋架跨度、安装高度：跨度 5.6 m	榀	1	2 166.01	2 166.01

任务总结

（1）以榀计量，按标准图设计的应注明标准图代号，按非标准图设计的项目特征必须描述单榀屋架的质量。

（2）金属结构制作、安装工程量，按图示钢材尺寸以质量计算，不扣除孔眼、切边的质量。焊条、铆钉、螺栓等质量，已包括在定额内，不另计算。计算不规则或多边形钢板质量时，均以其最大对角线乘最大宽度的矩形面积计算。

钢板面积 = 最大对角线 × 最大宽度

钢板质量 = 钢板面积 × 板厚 × 单位质量

（3）金属结构的切边，不规则及多边形钢板发生的损耗在综合单价中考虑。

（4）金属结构构件按成品编制项目，构件成品价应计入综合单价，若采用现场制作，包括制作的所有费用。

实践训练与评价

1．实践训练

实践训练一：某工程钢屋架水平支撑如图 2-6-4 所示。试编制钢屋架水平支撑的工程量清单并进行报价。

实践训练二：某厂房实腹钢柱（主要以厚 16 mm 钢板制作）共 10 根，每根质量 3 t，由附属加工厂制作，运至安装地点，运距 1.0 km。编制工程量清单并报价。

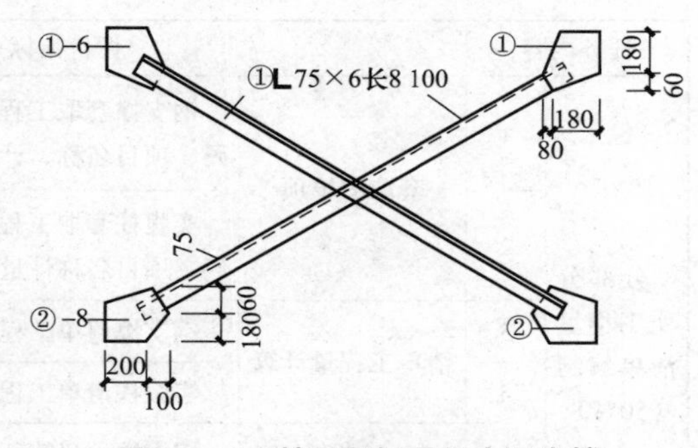

图 2-6-4　某工程钢屋架水平支撑

将学习成果填入表 2-6-5，任务配分权重见表 2-6-6。

（1）工程量计算过程：

笔记

①钢支撑：

②实腹柱：

（2）综合单价确定过程：

①钢支撑：

②实腹柱：

（3）填写分部分项工程量清单与计价表：

笔记

表 2-6-5　分部分项工程量清单与计价表

序号	项目编码	项目名称	项目特征	计量单位	工程量	金额 / 元	
						综合单价	合价
1							
2							

2．任务评价

表 2-6-6　本任务配分权重表

任务内容		评价指标		配分	得分
分部分项工程量清单编制（50%）	1	套取清单项	钢支撑套取工程量清单项目准确、项目编码、项目名称、计量单位准确	10	
	2		实腹柱套取工程量清单项目准确、项目编码、项目名称计量单位、准确	10	
	3	清单工程量计算	钢支撑清单工程量计算准确	20	
	4		实腹柱清单工程量计算准确	20	
	5	项目特征描述	钢支撑项目特征描述准确、全面	15	
	6		实腹柱项目特征描述准确、全面	15	
	7	工作态度	工作认真仔细，一丝不苟	10	

续表

任务内容		评价指标		配分	得分
分部分项工程量清单报价（50%）	1	确定工作内容	钢支撑确定工作内容准确	7	
	2		实腹柱确定工作内容准确	8	
	3	计价工程量计算	钢支撑计价工程量计算准确	15	
	4		实腹柱计价工程量计算准确	15	
	5	套取定额	钢支撑套取定额合理	7	
	6		实腹柱套取定额合理	8	
	7	综合单价计算	钢支撑综合单价计算流程准确、报价合理	15	
	8		实腹柱综合单价计算流程准确、报价合理	15	
	9	工作态度	工作认真仔细，一丝不苟	10	

任务 2.7　木结构工程计量与计价

任务目标

1. 了解其他木构件等分部分项工程量清单的编制方法；
2. 掌握钢木屋架、木楼梯等分部分项工程量清单的编制方法；
3. 掌握项目特征的描述要求；
4. 熟练掌握综合单价的确定方法及注意事项；
5. 能够区分各分部分项的清单工程量和计价工程量；
6. 能够准确编制实际工程各分部分项工程量清单；
7. 能够合理确定各分部分项工程的综合单价和合价。

任务描述

某工程钢木屋架如图 2-7-1 所示，试编制 15 m 跨度方木屋架清单并报价，注意清单计算规则与定额计算规则的区别。

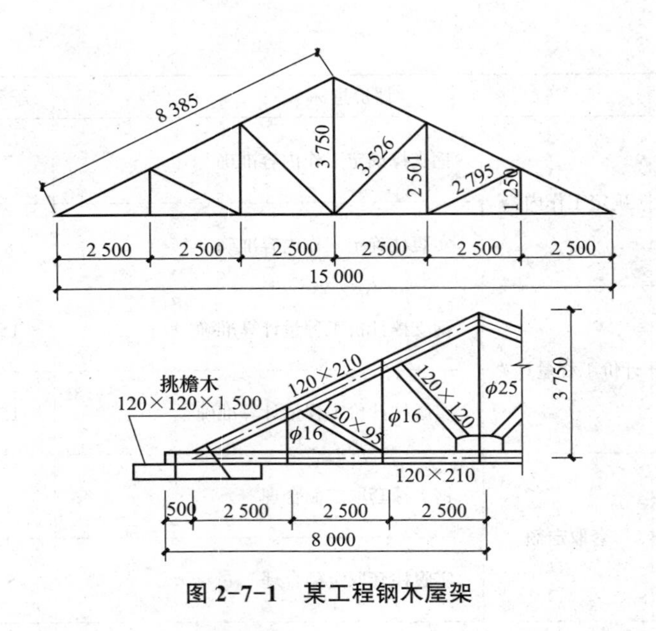

图 2-7-1　某工程钢木屋架

任务实施

2.7.1　学习木结构工程相关知识

笔记

1．木结构工程的工程量清单项目设置

木结构工程主要包括木屋架、木构件、屋面木基层三部分。

木结构工程的工程量清单项目设置、项目特征描述的内容、计量单位及工程量计算规则，应分别按“计算规范”表 G.1 ～ G.3 的规定执行。“计算规范”表 G.1 ～ G.3 的部分内容见表 2-7-1。

表 2-7-1　木结构工程

项目编码	项目名称	项目特征	计量单位	工程量计算规则	工作内容
010701001	木屋架	1．跨度 2．材料品种、规格 3．刨光要求 4．拉杆及夹板种类 5．防护材料种类	1．榀 2．m^3	1．以榀计量，按设计图示数量计算 2．以立方米计量，按设计图示尺寸的规格尺寸以体积计算	1．制作 2．运输 3．安装 4．刷防护材料
010701002	钢木屋架	1．跨度 2．木材品种、规格 3．刨光要求 4．钢材品种、规格 5．防护材料种类	榀	以榀计量，按设计图示数量计算	

续表

项目编码	项目名称	项目特征	计量单位	工程量计算规则	工作内容
010702004	木楼梯	1．楼梯形式 2．木材种类 3．刨光要求 4．防护材料种类	m^2	按设计图示尺寸以水平投影面积计算。不扣除宽度≤300 mm的楼梯井，伸入墙内部分不计算	1．制作 2．运输 3．安装 4．刷防护材料

2．木结构工程的分部分项工程量清单编制方法

（1）钢木屋架。

1）工作内容。钢木屋架的工作内容包括制作，运输，安装，刷防护材料。

2）项目特征。钢木屋架的项目特征包括以下几项：

①跨度；

②木材品种、规格；

③刨光要求；

④钢材品种、规格；

⑤防护材料种类。

3）计算规则。钢木屋架工程量以榀计量，按设计图示数量计算。

4）有关说明。

①屋架的跨度应以上、下弦中心线两交点之间的距离计算，如图 2-7-2 所示；

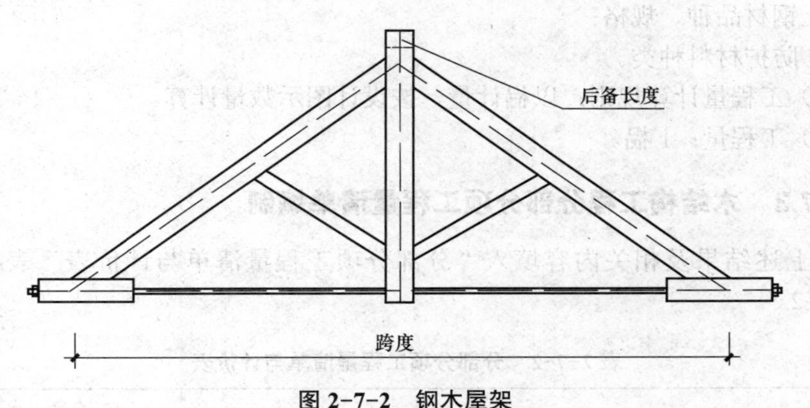

图 2-7-2　钢木屋架

②带气楼的屋架和马尾、折角及正交部分的半屋架，按相关屋架项目编码列项；

③以榀计量，按标准图设计的应注明标准图代号，按非标准图设计的项目特征必须按“计算规范”要求予以描述。

（2）木楼梯。

1）工作内容。木楼梯的工作内容包括制作，运输，安装，刷防护材料。

2）项目特征。木楼梯的项目特征包括以下几项：

①楼梯形式；

②木材种类；

笔记

③刨光要求；

④防护材料种类。

3）计算规则。木楼梯工程量按设计图示尺寸以水平投影面积计算。不扣除宽度≤ 300 mm 的楼梯井，伸入墙内部分不计算。

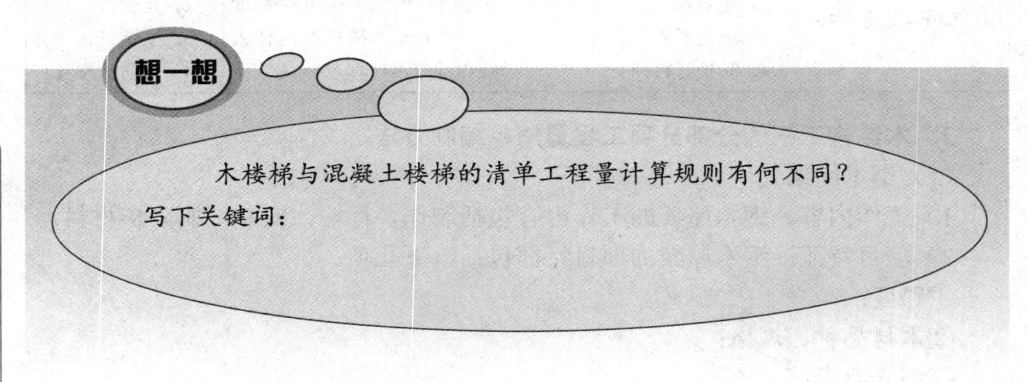

微课：钢木屋架清单编制与计价

2.7.2 木结构工程工程量计算

（1）根据“计算规范”表 G.1 木屋架可知，钢木屋架项目编码：010701002；项目名称：钢木屋架；项目特征如下：

1）跨度；

2）木材品种、规格；

3）刨光要求；

4）钢材品种、规格；

5）防护材料种类。

笔记

（2）工程量计算规则：以榀计量，按设计图示数量计算。

（3）工程量：1 榀。

2.7.3 木结构工程分部分项工程量清单编制

将上述结果及相关内容填入“分部分项工程量清单与计价表”表格，见表 2–7–2。

表 2–7–2 分部分项工程量清单与计价表

项目编码	项目名称	项目特征	计量单位	工程量	金额 / 元	
					综合单价	合价
010701002001	钢木屋架	1．跨度：15 m 2．木材品种、规格； 3．刨光要求； 4．钢材品种、规格； 5．防护材料种类	榀	1		

2.7.4 木结构工程综合单价确定

（1）确定工作内容：钢木屋架制作安装。

（2）根据现行定额（或企业定额）计算规则计算各工作内容的工程量——计价工程量：

定额规则：钢木屋架的工程量按设计图示尺寸以体积计算，只计算木杆件的体积。后备长度、配置损耗以及附属于屋架的垫木等已并入屋架子目，不另计算。

钢木屋架制作安装：

上弦工程量 =8.385×0.12×0.21×2=0.423（m^3）

下弦工程量 =16×0.12×0.21=0.403（m^3）

斜撑工程量 =3.526×0.12×0.12×2=0.102（m^3）

斜撑工程量 =2.795×0.12×0.095×2=0.064（m^3）

挑檐木工程量 =1.5×0.12×0.12×2=0.043（m^3）

合计：钢木屋架工程量 =1.035（m^3）

（3）根据计价工程量套消耗量定额，选套定额：7-1-8 方木钢屋架制作安装跨度≤ 15 m。

（4）套取 2017 年山东省价目表，7-1-8 增值税（一般计税）单价为 73 084.88 元 /（10 m^3），其中人工费为 15 737.70 元 /（10 m^3）。

（5）计算清单项目工、料、机价款：

1.035÷10×73 084.88=7 564.29（元）

其中　　人工费 =1.035÷10×15 737.70=1 628.85（元）

（6）确定管理费费率、利润率分别为 25.6% 、15.0%。

（7）合价：

合价 =7 564.29+1 628.85×（25.6%+15%）=8 225.60（元）

（8）综合单价：

综合单价 = 合价 ÷ 工程量 = 8 225.60÷1=8 225.60（元）

将以上结果填入表 2-7-3。

表 2-7-3　分部分项工程量清单与计价表

序号	项目编码	项目名称	项目特征	计量单位	工程量	金额 / 元	
						综合单价	合价
1	010701002001	钢木屋架	1．跨度：15 m 2．木材品种、规格； 3．刨光要求； 4．钢材品种、规格； 5．防护材料种类	榀	1	8 225.60	8 225.60

任务总结

（1）钢木屋架的跨度应该描述清楚，凡是影响工程造价的项目特征都要准确描述。

（2）钢木屋架以榀计量，按标准图设计的应注明标准图代号，按非标准图

笔记

设计的项目特征必须按“计算规范”要求予以描述。

（3）钢木屋架的工程量按设计图示尺寸以体积计算，只计算木杆件的体积。后备长度、配置损耗以及附属于屋架的垫木等已并入屋架子目，不另计算。

（4）应注意区分清单工程量与计价工程量，用反算法计算综合单价时，综合单价 = 合价 ÷ 工程量。

实践训练答案一木楼梯

实践训练与评价

1．实践训练

某住宅室内红松木楼梯两处，楼梯刷防火涂料两遍，每处楼梯水平投影面积为 6.21 m^2，楼梯不锈钢栏杆长度为 8.67 m，硬木扶手。试编制木楼梯、栏杆清单并进行报价。

将学习成果填入表 2-7-4，任务配分权重见表 2-7-5。

（1）工程量计算过程：

（2）综合单价确定过程：

（3）填写分部分项工程量清单与计价表。

表 2-7-4　分部分项工程量清单与计价表

序号	项目编码	项目名称	项目特征	计量单位	工程量	金额 / 元	
						综合单价	合价
1							
2							

2．任务评价

表 2-7-5　本任务配分权重表

任务内容		评价指标		配分	得分
分部分项工程量清单编制（50%）	1	套取清单项	木楼梯套取工程量清单项目准确、项目编码、项目名称、计量单位准确	10	
	2		楼梯栏杆套取工程量清单项目准确、项目编码、项目名称计量单位、准确	10	
	3	清单工程量计算	木楼梯清单工程量计算准确	20	
	4		楼梯栏杆清单工程量计算准确	20	
	5	项目特征描述	木楼梯项目特征描述准确、全面	15	
	6		楼梯栏杆项目特征描述准确、全面	15	
	7	工作态度	工作认真仔细，一丝不苟	10	

续表

任务内容		评价指标		配分	得分
分部分项工程量清单报价（50%）	1	确定工作内容	木楼梯确定工作内容准确	7	
	2		楼梯栏杆确定工作内容准确	8	
	3	计价工程量计算	木楼梯计价工程量计算准确	15	
	4		楼梯栏杆计价工程量计算准确	15	
	5	套取定额	木楼梯套取定额合理	7	
	6		楼梯栏杆套取定额合理	8	
	7	综合单价计算	木楼梯综合单价计算流程准确、报价合理	15	
	8		楼梯栏杆综合单价计算流程准确、报价合理	15	
	9	工作态度	工作认真仔细，一丝不苟	10	

笔记

任务 2.8　门窗工程计量与计价

任务目标

1. 了解门窗套、窗帘盒等分部分项工程量清单的编制方法；
2. 掌握各种木门窗、金属门窗等分部分项工程量清单的编制方法；
3. 掌握各分部分项的清单工程量和计价工程量的计算规则；
4. 熟练掌握综合单价的确定方法及注意事项；
5. 能够正确描述各分部分项工程的项目特征；
6. 能够准确编制实际工程各分部分项工程量清单；
7. 能够合理确定各分部分项工程的综合单价和合价。

任务描述

某办公室平面图如图 2-8-1 所示，门窗表见表 2-8-1，窗采用夹胶玻璃（6+2.5+6）。试编制门窗分部分项工程量清单并报价。

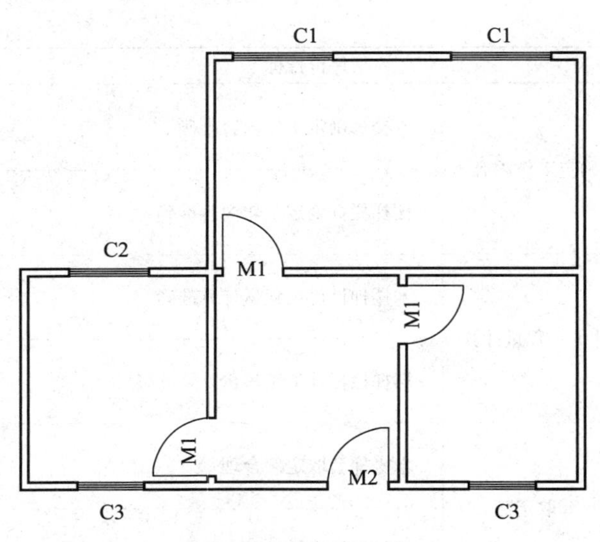

图 2-8-1 某办公室平面图

表 2-8-1 门窗表

门窗	材料	规格 /（mm×mm）	数量
M-1	成品实木门带套	900×2 100	3
M-2	成品实木门带套	900×2 700	1
C-1	铝合金推拉窗	1 500×1 800	2
C-2	铝合金推拉窗	1 200×1 500	1
C-3	铝合金推拉窗	1 000×1 500	2

任务实施

2.8.1 学习门窗工程相关知识

1．门窗工程的工程量清单项目设置

门窗工程主要包括木门，金属门，金属卷帘（闸）门，厂库房大门、特种门，其他门，木窗，金属窗，门窗套，窗台板，窗帘、窗帘盒、轨等内容。

门窗工程的工程量清单项目设置、项目特征描述的内容、计量单位及工程量计算规则，应分别按“计算规范”表 H.1 ～表 H.10 的规定执行。“计算规范”表 H.1 ～表 H.10 的部分内容见表 2-8-2。

表 2-8-2　门窗工程

<table>
<tr><th>项目编码</th><th>项目名称</th><th>项目特征</th><th>计量
单位</th><th>工程量
计算规则</th><th>工作内容</th></tr>
<tr><td>010801001</td><td>木质门</td><td rowspan="2">1．门代号及洞口尺寸
2．镶嵌玻璃品种、厚度</td><td rowspan="4">1．樘
2．m^2</td><td rowspan="4">1．以樘计量，按设计图示数量计算
2．以平方米计量，按设计图示洞口尺寸以面积计算</td><td rowspan="4">1．门安装
2．玻璃安装
3．五金安装</td></tr>
<tr><td>010801002</td><td>木质门带套</td></tr>
<tr><td>010802001</td><td>金属
（塑钢）门</td><td>1．门代号及洞口尺寸
2．门框或扇外围尺寸
3．门框、扇材质
4．玻璃品种、厚度</td></tr>
<tr><td>010807001</td><td>金属（塑钢、
断桥）窗</td><td>1．窗代号及洞口尺寸
2．框、扇材质
3．玻璃品种、厚度</td></tr>
</table>

2．门窗工程的分部分项工程量清单编制方法

笔记

（1）木质门。

1）工作内容。木质门工作内容包括门安装，玻璃安装，五金安装。

2）项目特征。木质门的项目特征包括以下几项：

①门代号及洞口尺寸；

②镶嵌玻璃品种、厚度。

3）计算规则。木质门有两种计算方式：

①以樘计量，按设计图示数量计算；

②以平方米计量，按设计图示洞口尺寸以面积计算。

4）有关说明。

①木质门应区分镶板木门、企口木板门、实木装饰门、胶合板门、夹板装饰门、木纱门、全玻门（带木质扇框）、木质半玻门（带木质扇框）等项目，分别编码列项；

②木门五金应包括折页、插销、门碰珠、弓背拉手、搭机、木螺钉、弹簧折页（自动门）、管子拉手（自由门、地弹门）、地弹簧（地弹门）、角钢、门轧头（地弹门、自由门）等；

③木质门带套计量按洞口尺寸以面积计算，不包括门套的面积；

④以樘计量，项目特征必须描述洞口尺寸，以平方米计量，项目特征可不描述洞口尺寸；

⑤单独制作安装木门框按木门框项目编码列项。

想一想

假设一个工程中有镶板木门和胶合板门，请问如何编码列项？

（2）金属（塑钢）门。

1）工作内容。金属（塑钢）门的工作内容包括门安装，五金安装，玻璃安装。

2）项目特征。金属（塑钢）门的项目特征包括以下几项：

①门代号及洞口尺寸；

②门框或扇外围尺寸；

③门框、扇材质；

④玻璃品种、厚度。

3）计算规则。金属（塑钢）门有两种计算方式：

①以樘计量，按设计图示数量计算；

②以平方米计量，按设计图示洞口尺寸以面积计算。

4）有关说明。

①金属门应区分金属平开门、金属推拉门、金属地弹门、全玻门（带金属扇框）、金属半玻门（带扇框）等项目，分别编码列项；

②铝合金门五金包括地弹簧、门锁、拉手、门插、门铰、螺钉等；

③其他金属门五金包括L形执手插锁（双舌）、执手锁（单舌）、门轨头、地锁、防盗门机、门眼（猫眼）、门碰珠、电子锁（磁卡锁）、闭门器、装饰拉手等；

④以樘计量，项目特征必须描述洞口尺寸，没有洞口尺寸必须描述门框或扇外围尺寸，以平方米计量，项目特征可不描述洞口尺寸及框、扇的外围尺寸；

⑤以平方米计量，无设计图示洞口尺寸，按门框、扇外围以面积计算。

（3）钢木大门。

1）基本概念。钢木大门的门框一般由混凝土制成，门扇由骨架和面板构成，门扇的骨架常用型钢制成，门芯板一般用15 mm厚的木板，用螺栓与钢骨架相连接。

2）工作内容。钢木大门的工作内容包括门（骨架）制作、运输，门、五金配件安装，刷防护材料。

3）项目特征。钢木门的项目特征包括以下几项：

①门代号及洞口尺寸；

②门框或扇外围尺寸；

③门框、扇材质；

④五金种类、规格；

⑤防护材料种类。

4）计算规则。钢木大门工程量有两种计算方式：

①以樘计量，按设计图示数量计算；

②以平方米计量，按设计图示洞口尺寸以面积计算。

（4）金属（塑钢、断桥）窗。

1）工作内容。金属（塑钢、断桥）窗工作内容包括窗安装，五金、玻璃安装。

2）项目特征。金属（塑钢、断桥）窗的项目特征包括以下几项：

①窗代号及洞口尺寸；

②框、扇材质；

③玻璃品种、厚度。

3）计算规则。金属（塑钢、断桥）窗的工程量有两种计算方式：

①以樘计量，按设计图示数量计算；

②以平方米计量，按设计图示洞口尺寸以面积计算。

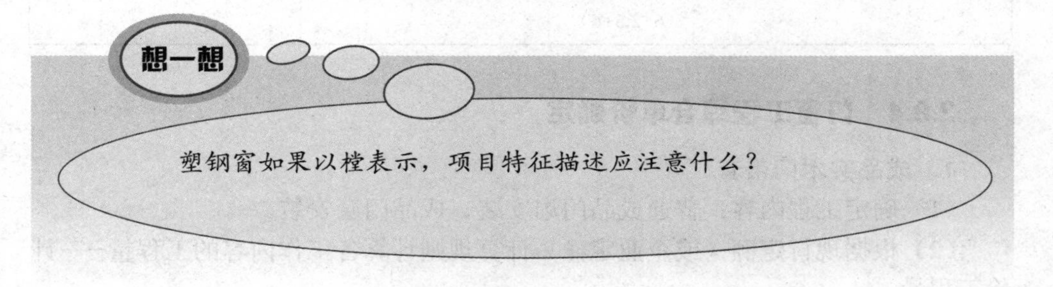

笔记

4）有关说明。

①金属窗应区分金属组合窗、防盗窗等项目，分别编码列项；

②以樘计量，项目特征必须描述洞口尺寸，没有洞口尺寸必须描述窗框外围尺寸，以平方米计量，项目特征可不描述洞口尺寸及框的外围尺寸；

③以平方米计量，无设计图示洞口尺寸，按窗框外围以面积计算；

④金属橱窗、飘（凸）窗以樘计量，项目特征必须描述框外围展开面积；

⑤金属窗中铝合金窗五金应包括卡锁、滑轮、铰拉、执手、拉把、拉手、风撑、角码、牛角制等。

2.8.2 门窗工程工程量计算

1．木质门工程量计算规则

（1）以樘计量，按设计图示数量计算；

（2）以平方米计量，按设计图示洞口尺寸以面积计算。

2．工程量计算

任务描述中成品实木门的工程量 $=0.9\times2.1\times3+0.9\times2.7=8.1$（$m^2$）

铝合金窗工程量 $=1.5\times1.8\times2+1.2\times1.5+1\times1.5\times2=10.2$（$m^2$）

2.8.3 门窗工程分部分项工程量清单编制

将上述结果及相关内容填入“分部分项工程量清单与计价表”表格，见表 2-8-3。

表 2-8-3　分部分项工程量清单与计价表

项目编码	项目名称	项目特征	计量单位	工程量	金额 / 元	
					综合单价	合价
010801002001	成品实木门带套	1．门代号及洞口尺寸： M-1900 mm×2 100 mm M2 900 mm×2 700 mm 2．镶嵌玻璃品种、厚度：无	m^2	8.10		
010807001001	铝合金推拉窗	1．窗代号及洞口尺寸： C-1 1 500 mm×1 800 mm C-2 1 200 mm×1 500 mm C-3 1 000 mm×1 500 mm 2．框、扇材质：铝合金 3．玻璃品种、厚度：夹胶玻璃（6+2.5+6）	m^2	10.20		

微课：铝合金窗清单编制与计价

2.8.4　门窗工程综合单价确定

1．成品实木门带套

（1）确定工程内容：普通成品门扇安装、成品门套安装。

（2）根据现行定额（或企业定额）计算规则计算各工作内容的工程量——计价工程量：

定额规则：普通成品门、木质防火门、纱门扇、成品窗扇、纱窗扇、百叶窗（木）、铝合金纱窗扇和塑钢纱窗扇等安装工程量均按扇外围面积计算。

成品实木门扇的工程量 =（0.9−0.03×2）×（2.1−0.03）×3+（0.9−0.03×2）×（2.7−0.03）=7.46（m^2）

成品门套安装工程量 =（0.9+2.1×2）×3+（0.9+2.7×2）=21.6（m）

（3）根据计价工程量套消耗量定额，选套定额：8-1-3 普通成品门扇安装；15-8-12 门窗套及贴脸、成品、双面贴脸。

（4）套取 2017 年山东省价目表，8-1-3 增值税（一般计税）单价为 3 983.95 元 /（10 m^2 扇面积），其中人工费为 137.75 元 /（10 m^2 扇面积）；15-8-12 增值税（一般计税）单价为 1 141.64 元 /（10 m），其中人工费为 126.69 元 /（10 m）。

（5）计算清单项目工、料、机价款：

8-1-3　　7.46÷10×3 983.95=2 972.03（元）

其中　　人工费 =7.46÷10×137.75=102.76（元）

15-8-12　　21.6÷10×1 141.64=2 465.94（元）

其中　　人工费 =21.6÷10×126.69=273.65（元）

（6）确定管理费费率、利润率分别为 25.6%、15.0%。

（7）合价：

合价 =（2 972.03+2 465.94）+（102.76+273.65）×（25.6%+15%）=5 590.79（元）

（8）综合单价：

综合单价 = 合价 ÷ 工程量 = 5 590.79÷8.1=690.22（元）

2．铝合金推拉窗

（1）确定工作内容：铝合金推拉窗安装。

（2）根据现行定额（或企业定额）计算规则计算各工程内容的工程数量——计价工程量：

定额规则：各类门窗安装工程量，除注明者外，均按图示门窗洞口面积计算。

铝合金推拉窗的工程量 =1.5×1.8×2+1.2×1.5+1×1.5×2=10.2（m^2）

（3）根据计价工程量套消耗量定额，选套定额：8–7–1 铝合金、推拉窗。

（4）套取 2017 年山东省价目表，8–7–1 增值税（一般计税）单价为 2 777.82 元 /（10 m^2），其中人工费为 193.80 元 /（10 m^2）。

（5）计算清单项目工、料、机价款：

10.2÷10×2 777.82=2 833.38（元）

其中　　人工费 =10.2÷10×193.80=197.68（元）

（6）确定管理费费率、利润率分别为 25.6%、15.0%。

（7）合价：

合价 =2 833.38+197.68×（25.6%+15%）=2 913.64（元）

（8）综合单价：

综合单价 = 合价 ÷ 工程量 =2 913.64÷10.2=285.65（元）

将以上结果填入表 2–8–4。

表 2–8–4　分部分项工程量清单与计价表

项目编码	项目名称	项目特征	计量单位	工程量	金额 / 元	
					综合单价	合价
010801002001	成品实木门带套	1．门代号及洞口尺寸： M–1 900 mm×2100 mm M–2 900 mm×2 700 mm 2．镶嵌玻璃品种、厚度：无	m^2	8.10	690.22	5 590.79
010807001001	铝合金推拉窗	1．窗代号及洞口尺寸： C–1 1 500 mm×1 800 mm C–2 1 200 mm×1 500 mm C–3 1 000 mm×1 500 mm 2．框、扇材质：铝合金 3．玻璃品种、厚度：夹胶玻璃（6+2.5+6）	m^2	10.20	285.65	2 913.64

任务总结

（1）木质门应区分镶板木门、企口木板门、实木装饰门、胶合板门、夹板装饰门、木纱门、全玻门（带木质扇框）、木质半玻门（带木质扇框）等项目，分别编码列项；

笔记

（2）以樘计量，项目特征必须描述洞口尺寸，以平方米计量，项目特征可不描述洞口尺寸；洞口尺寸太多，可描述“详见门窗表”；

（3）木质门带套计量按洞口尺寸以面积计算，不包括门套的面积，但门套应计算在综合单价中。

实践训练与评价

1．实践训练

实践训练答案—塑钢窗

1号办公楼工程门窗表见建施2，窗为成品塑钢窗，采用夹胶玻璃（6+2.5+6），型材为钢塑90系列，普通五金。试编制塑钢窗分部分项工程量清单并报价。

将学习成果填入表2-8-5，任务配分权重见表2-8-6。

（1）工程量计算过程：

（2）综合单价确定过程：

笔记

（3）填写分部分项工程量清单与计价表。

表2-8-5　分部分项工程量清单与计价表

序号	项目编码	项目名称	项目特征	计量单位	工程量	金额/元	
						综合单价	合价
1							
2							

2．任务评价

表2-8-6　本任务配分权重表

任务内容		评价指标		配分	得分
分部分项工程量清单编制（50%）	1	套取清单项	塑钢窗套取工程量清单项目准确、项目编码、项目名称、计量单位准确	20	
	2	清单工程量计算	塑钢窗清单工程量计算准确	40	
	3	项目特征描述	塑钢窗项目特征描述准确、全面、无歧义	30	
	4	工作态度	工作认真仔细，一丝不苟	10	
分部分项工程量清单报价（50%）	1	确定工作内容	塑钢窗确定工作内容准确	15	
	2	计价工程量计算	塑钢窗计价工程量计算准确	30	
	3	套取定额	塑钢窗套取定额合理	15	
	4	综合单价计算	塑钢窗综合单价计算流程准确、报价合理	30	
	5	工作态度	工作认真仔细，一丝不苟	10	

任务 2.9　屋面及防水工程计量与计价

任务目标

1．熟悉瓦屋面等分部分项工程量清单的编制方法；

2．掌握屋面卷材防水、刚性防水、涂膜防水等分部分项工程量清单的编制方法；

3．掌握各分部分项清单工程量和计价工程量的计算规则；

4．能够正确描述各分部分项工程的项目特征；

5．能够准确编制实际工程各分部分项工程量清单；

6．能够合理确定各分部分项工程的综合单价和合价。

任务描述

某工程屋面为平屋面，卷材防水，膨胀珍珠岩保温，轴线尺寸为 28 m×9 m，墙厚为240 mm，四周女儿墙，防水卷材上返250 mm，女儿墙防水处理如图2-9-1所示。屋面做法为：现浇钢筋混凝土屋面板；1 ： 10 水泥膨胀珍珠岩找坡 2%，最薄处 40 mm 厚；100 mm 厚憎水珍珠岩块保温层；30 mm 厚 1 ： 3 水泥砂浆找平，6 m×6 m 分格，油膏嵌缝；SBS 改性沥青防水卷材粘贴一层，热熔法施工。卷材施工方法如图 2-9-2、图 2-9-3 所示；20 mm 厚 1 ： 2 水泥砂浆抹光压平。试编制屋面卷材防水分部分项工程量清单并进行报价。

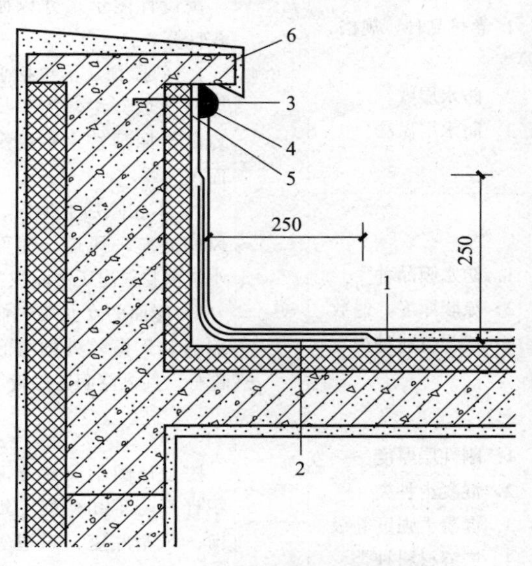

图 2-9-1　女儿墙防水处理详图

1—防水层；2—附加层；3—密封材料；4—金属压条；5—水泥钉；6—压顶

笔记

图 2-9-2　冷粘法施工防水卷材

图 2-9-3　热熔法施工防水卷材

任务实施

2.9.1　学习屋面及防水工程相关知识

1. 屋面及防水工程的工程量清单项目设置

屋面及防水工程主要包括瓦、型材及其他层面，屋面防水及其他，墙面防水、防潮，楼（地）面防水、防潮等内容。

屋面及防水工程的工程量清单项目设置、项目特征描述的内容、计量单位及工程量计算规则，应分别按“计算规范”表 J.1 ～表 J.4 的规定执行。“计算规范”表 J.1 ～表 J.4 的部分内容见表 2-9-1。

笔记

表 2-9-1　屋面及防水工程

项目编码	项目名称	项目特征	计量单位	工程量计算规则	工作内容
010902001	屋面卷材防水	1. 卷材品种、规格、厚度 2. 防水层数 3. 防水层做法	m^2	按设计图示尺寸以面积计算。 1. 斜屋顶（不包括平屋顶找坡）按斜面积计算，平屋顶按水平投影面积计算 2. 不扣除房上烟囱、风帽底座、风道、屋面小气窗和斜沟所占面积 3. 屋面的女儿墙、伸缩缝和天窗等处的弯起部分，并入屋面工程量	1. 基层处理 2. 刷底油 3. 铺油毡卷材、接缝
010902002	屋面涂膜防水	1. 防水膜品种 2. 涂膜厚度、遍数 3. 增强材料种类			1. 基层处理 2. 刷基层处理剂 3. 铺布、喷涂防水层
010902003	屋面刚性层	1. 刚性层厚度 2. 混凝土种类 3. 混凝土强度等级 4. 嵌缝材料种类 5. 钢筋规格、型号		按设计图示尺寸以面积计算。不扣除房上烟囱、风帽底座、风道等所占面积	1. 基层处理 2. 混凝土制作、运输、铺筑、养护 3. 钢筋制安

2．屋面及防水工程的分部分项工程量清单编制方法

（1）瓦屋面。

1）工作内容。瓦屋面的工作内容包括砂浆制作、运输、摊铺、养护，安瓦、作瓦脊。

2）项目特征。瓦屋面的项目特征包括以下几项：

①瓦品种、规格；

②粘结层砂浆的配合比。

3）计算规则。瓦屋面工程量按设计图示尺寸以斜面积计算。不扣除房上烟囱、风帽底座、风道、小气窗、斜沟等所占面积。小气窗的出檐部分不增加面积。

4）有关说明。瓦屋面若是在木基层上铺瓦，项目特征不必描述粘结层砂浆的配合比，瓦屋面铺防水层，按"计算规范"J.2屋面防水及其他中相关项目编码列项。

（2）屋面卷材防水。

1）工作内容。屋面卷材防水的工作内容包括基层处理，刷底油，铺油毡卷材、接缝。

2）项目特征。屋面卷材防水的项目特征包括以下几项：

①卷材品种、规格、厚度；

②防水层数；

③防水层做法。

3）计算规则。屋面卷材防水工程量按设计图示尺寸以面积计算。

①斜屋顶（不包括平屋顶找坡）按斜面积计算，平屋顶按水平投影面积计算；

②不扣除房上烟囱、风帽底座、风道、屋面小气窗和斜沟所占面积；

③屋面的女儿墙、伸缩缝和天窗等处的弯起部分，并入屋面工程量。

4）有关说明。屋面防水搭接及附加层用量不另行计算，在综合单价中考虑。

冷粘法施工防水卷材如图2-9-2所示，热熔法施工防水卷材如图2-9-3所示。

（3）屋面涂膜防水。

1）工作内容。屋面涂膜防水的工作内容包括基层处理，刷基层处理剂，铺布、喷涂防水层。

2）项目特征。屋面涂膜防水的项目特征包括以下几项：

①防水膜品种；

②涂膜厚度、遍数；

③增强材料种类。

3）计算规则。屋面涂膜防水工程量按设计图示尺寸以面积计算。

①斜屋顶（不包括平屋顶找坡）按斜面积计算，平屋顶按水平投影面积计算；

②不扣除房上烟囱、风帽底座、风道、屋面小气窗和斜沟所占面积；

笔记

③屋面的女儿墙、伸缩缝和天窗等处的弯起部分，并入屋面工程量。

（4）屋面刚性层。

1）工作内容。屋面刚性层的工作内容包括基层处理，混凝土制作、运输、铺筑、养护，钢筋制安。

2）项目特征。屋面刚性层的项目特征包括以下几项：

①刚性层厚度；

②混凝土种类；

③混凝土强度等级；

④嵌缝材料种类；

⑤钢筋规格、型号。

3）计算规则。屋面刚性层工程量按设计图示尺寸以面积计算。不扣除房上烟囱、风帽底座、风道等所占面积。

4）有关说明。

①屋面刚性层防水，按屋面卷材防水、屋面涂膜防水项目编码列项；屋面刚性层无钢筋，其钢筋项目特征不必描述；

②屋面找平层按“计算规范”附录K楼地面装饰工程“平面砂浆找平层”项目编码列项。

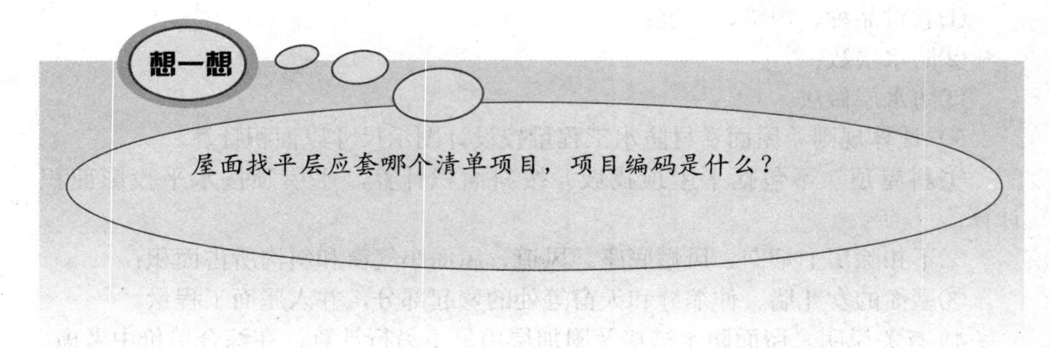

（5）墙面卷材防水。

1）工作内容。墙面卷材防水的工作内容包括基层处理，刷胶粘剂，铺防水卷材，接缝、嵌缝。

2）项目特征。墙面卷材防水的项目特征包括以下几项：

①卷材品种、规格、厚度；

②防水层数；

③防水层做法。

3）计算规则。墙面卷材防水的工程量按设计图示尺寸以面积计算。

4）有关说明。

①墙面防水搭接及附加层用量不另行计算，在综合单价中考虑。

②墙面找平层按计算规范附录L墙、柱面装饰与隔断工程“立面砂浆找平层”项目编码列项。

（6）墙面涂膜防水。

1）工作内容。墙面涂膜防水的工作内容包括基层处理，刷基层处理剂，铺布、喷涂防水层。

2）项目特征。墙面涂膜防水的项目特征包括以下几项：

①防水膜品种；

②涂膜厚度、遍数；

③增强材料种类。

3）计算规则。墙面涂膜防水工程量按设计图示尺寸以面积计算。

（7）墙面砂浆防水（防潮）。

1）工作内容。墙面砂浆防水（防潮）的工作内容包括基层处理，挂钢丝网片，设置分格缝，砂浆制作、运输、摊铺、养护。

2）项目特征。墙面砂浆防水（防潮）的项目特征包括以下几项：

①防水层做法；

②砂浆厚度、配合比；

③钢丝网规格。

3）计算规则。墙面砂浆防水（防潮）工程量按设计图示尺寸以面积计算。

（8）楼（地）面卷材防水。

1）工作内容。楼（地）面卷材防水的工作内容包括基层处理，刷胶粘剂，铺防水卷材，接缝、嵌缝。

2）项目特征。楼（地）面卷材防水的项目特征包括以下几项：

①卷材品种、规格、厚度；

②防水层数；

③防水层做法；

④反边高度。

3）计算规则。楼（地）面卷材防水工程量按设计图示尺寸以面积计算。

①楼（地）面防水：按主墙间净空面积计算，扣除凸出地面的构筑物、设备基础等所占面积，不扣除间壁墙及单个面积≤ 0.3 m^2 柱、垛、烟囱和孔洞所占面积；

②楼（地）面防水反边高度≤ 300 mm 算作地面防水，反边高度＞ 300 mm 算作墙面防水。

4）有关说明。

①楼（地）面防水找平层按计算规范附录 K 楼地面装饰工程“平面砂浆找平层”项目编码列项；

②楼（地）面防水搭接及附加层用量不另行计算，在综合单价中考虑。

课堂训练答案一地面防水

做一做

某建筑物楼地面轴线尺寸为 50 m×16 m，墙厚为 240 mm。楼地面做法：20 mm 厚 1 ：3 水泥砂浆找平，铺贴 SBS 防水卷材二层，防水弯起 250 mm。编制分部分项工程量清单，将编制结果填入表 2-9-2。

表 2–9–2　分部分项工程量清单与计价表

项目编码	项目名称	项目特征	计量单位	工程量	金额 / 元	
					综合单价	合价

2.9.2　屋面防水工程量计算

1．屋面卷材防水工程量计算规则

屋面卷材防水工程量按设计图示尺寸以面积计算。

（1）斜屋顶（不包括平屋顶找坡）按斜面积计算，平屋顶按水平投影面积计算；

（2）不扣除房上烟囱、风帽底座、风道、屋面小气窗和斜沟所占面积；

（3）屋面的女儿墙、伸缩缝和天窗等处的弯起部分，并入屋面工程量。

2．工程量

微课：屋面及防水工程清单编制与计价

任务描述中屋面卷材防水工程数量 =（28–0.24）×（9–0.24）+（28+9–0.48）×2×0.25=261.44（m^2）

屋面找平层工程量 =261.44 m^2

屋面保护层工程量 =261.44 m^2

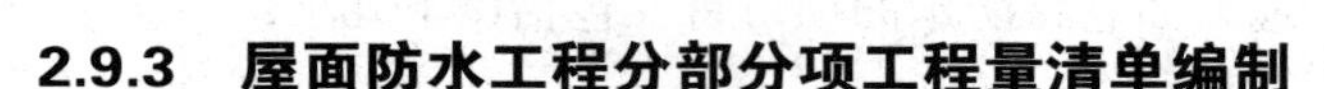

2.9.3　屋面防水工程分部分项工程量清单编制

将上述结果及相关内容填入“分部分项工程量清单与计价表”表格，见表 2–9–3。

表 2–9–3　分部分项工程量清单与计价表

项目编码	项目名称	项目特征	计量单位	工程量	金额 / 元	
					综合单价	合价
010902001001	屋面卷材防水	1．卷材品种、规格：SBS 改性沥青防水卷材 2．防水层数：一层 3．防水层做法：热熔法	m^2	261.44		
011101006001	屋面找平层	30 mm 厚 1 ：3 水泥砂浆找平，6 m×6 m 分格，油膏嵌缝	m^2	261.44		
011101006002	屋面保护层	20 mm 厚 1 ：2 水泥砂浆抹光压平	m^2	261.44		

2.9.4　屋面防水工程综合单价确定

1．屋面卷材防水

（1）确定工作内容：SBS 改性沥青防水卷材铺贴。

（2）根据现行定额（或企业定额）计算规则计算各工作内容的工程数量——计价工程量：

定额规则：屋面防水按设计图示尺寸以面积计算（斜屋面按斜面面积计算），不扣除房上烟囱、风帽底座、风道、屋面小气窗等所占面积，上翻部分也不另计算；屋面的女儿墙、伸缩缝和天窗等处的弯起部分，按设计图示尺寸计算；设计无规定时，伸缩缝、女儿墙、天窗的弯起部分按 500 mm 计算，计入立面工程量。卷材防水附加层按实际铺贴尺寸以面积计算。

卷材防水平面工程量 =261.44 m^2

附加层工程量 =（28+9−0.48）×2×0.25×2=36.52（m^2）

（3）根据计价工程量套消耗量定额，选套定额：9−2−10 改性沥青卷材热熔法 一层 平面。

（4）套取 2017 年山东省价目表，9−2−10 增值税（一般计税）单价为 499.71 元 /（10 m^2），其中人工费为 22.80 元 /（10 m^2）。

需要注意的是，卷材防水附加层套用卷材防水相应项目，人工乘以系数 1.82。

9−2−10 人工乘以系数 1.82，换算后的单价为：

499.71+22.80×（1.82−1）=518.41 元 /（10 m^2）

（5）计算清单项目工、料、机价款：

9−2−10　　261.44÷10×499.71=13 064.42（元）

其中　　人工费 =261.44÷10×22.80=596.08（元）

9−2−10 附加层　　36.52÷10×518.41=1 893.23（元）

其中　　人工费 =36.52÷10×22.80×1.82=151.54（元）

（6）确定管理费费率、利润率分别为 25.6%、15.0%。

（7）合价：

合价 =（13 064.42+1 893.23）+（596.08+151.54）×（25.6%+15%）=15 261.18（元）

（8）综合单价：

综合单价 = 合价 ÷ 工程量 =15 261.18÷261.44=58.37（元）

2．屋面找平层

（1）确定工程内容：抹水泥砂浆找平层、做油膏嵌缝。

（2）根据现行定额（或企业定额）计算规则计算各工程内容的工程数量——计价工程量：

找平层工程量 =261.44（m^2）

油膏嵌缝工程量 =（28−0.24）×3+（9−0.24）×6=135.84（m）

（3）根据计价工程量套消耗量定额，选套定额：11−1−2 水泥砂浆在填充材料上 20 mm；11−1−3 水泥砂浆 每增减 5 mm；9−2−78 分隔缝 水泥砂浆面层厚 25 mm。

（4）套取 2017 年山东省价目表，11−1−2 增值税（一般计税）单价为 172.61 元 /（10 m^2），其中人工费为 84.46 元 /（10 m^2）；11−1−3 增值税（一般计税）单价为 24.64 元 /（10 m^2），其中人工费为 8.24 元 /（10 m^2）；9−2−78 增值税（一般计税）单价为 50.91 元 /（10 m），其中人工费为 40.85 元 /（10 m）。

（5）计算清单项目工、料、机价款：

笔记

11-1-2　　261.44÷10×172.61=4 512.72（元）

其中　　人工费 =261.44÷10×84.46=2 208.12（元）

11-1-3　　261.44÷10×24.64×2=1 288.38（元）

其中　　人工费 =261.44÷10×8.24×2=430.85（元）

9-2-78　　135.84÷10×50.91=691.56（元）

其中　　人工费 =135.84÷10×40.85=554.91（元）

（6）确定管理费费率、利润率分别为 25.6%、15.0%。

（7）合价：

合价 =（4 512.72+1 288.38+691.56）+（2 208.12+430.85+554.91）×（25.6%+15%）=7 789.38（元）

（8）综合单价：

综合单价 = 合价 ÷ 工程量 =7 789.38÷261.44=29.79（元）

3．屋面保护层

（1）确定工作内容：水泥砂浆保护层。

（2）根据现行定额（或企业定额）计算规则计算各工作内容的工程数量——计价工程量：

保护层工程量 =261.44 m^2

（3）根据计价工程量套消耗量定额，选套定额：9-2-67 水泥砂浆二次抹压厚 20 mm。

（4）套取 2017 年山东省价目表，9-2-67 增值税（一般计税）单价为 174.10 元 /（10 m^2），其中人工费为 83.60 元 /（10 m^2）。

（5）计算清单项目工、料、机价款：

261.44÷10×174.10=4 551.67（元）

其中　　人工费 =261.44÷10×83.60=2 185.64（元）

（6）确定管理费费率、利润率分别为 25.6% 、15.0%。

（7）合价：

合价 =4 551.67+2 185.64×（25.6%+15%）=5 439.04（元）

（8）综合单价：

综合单价 = 合价 ÷ 工程量 =5 439.04÷261.44=20.80（元）

将以上结果填入表 2-9-4。

表 2-9-4　分部分项工程量清单与计价表

项目编码	项目名称	项目特征	计量单位	工程量	综合单价	合价
010902001001	屋面卷材防水	1．卷材品种、规格：SBS 改性沥青防水卷材 2．防水层数：一层 3．防水层做法：热熔法	m^2	261.44	58.37	15 261.18
011101006001	屋面找平层	30厚 1∶3 水泥砂浆找平，6 m×6 m 分格，油膏嵌缝	m^2	261.44	29.79	7 789.38

续表

项目编码	项目名称	项目特征	计量单位	工程量	综合单价	合价
011101006002	屋面保护层	20 mm 厚 1 ：2 水泥砂浆抹光压平	m^2	261.44	20.80	5 439.04

任务总结

（1）屋面找平层按“计算规范”附录 L 楼地面装饰工程“平面砂浆找平层”项目编码列项；

（2）计算清单工程量时，屋面防水搭接及附加层用量不另行计算，在综合单价中考虑；

（3）屋面保温找坡层按“计算规范”附录 K 保温、隔热、防腐工程“保温隔热屋面”项目编码列项；

（4）计算卷材防水计价工程量时，卷材防水附加层的实际铺贴面积也需要计算；

（5）屋面分格缝的计价工程量按设计图示尺寸以长度计算。

实践训练与评价

1．实践训练

笔记

附录中“1 号办公楼”工程屋面为平屋面，卷材防水，水泥珍珠岩保温，四周女儿墙，防水卷材上返 250 mm。屋面做法如下：

现浇钢筋混凝土屋面板；20 mm 厚 1 ：2 水泥砂浆找平；水泥炉渣找坡层 2%，最薄处 50 mm 厚；1 ：10 水泥珍珠岩保温层 100 mm 厚；20 mm 厚 1 ：2 水泥砂浆在填充料上找平；SBS 改性沥青防水卷材二层，每边上返 250 mm；20 mm 厚 1 ：2 水泥砂浆抹光压平。以小组为单位，编制屋面卷材防水的分部分项工程量清单并进行报价，不考虑保温层及找平层。

将学习成果填入表 2-9-5，任务配分权重见表 2-9-6。

（1）工程量计算过程：

（2）综合单价确定过程：

（3）填写分部分项工程量清单与计价表。

表 2-9-5　分部分项工程量清单与计价表

序号	项目编码	项目名称	项目特征	计量单位	工程量	金额 / 元	
						综合单价	合价
1							

实践训练答案—屋面防水

2．任务评价

表 2-9-6　本任务配分权重表

任务内容		评价指标		配分	得分
分部分项工程量清单编制（50%）	1	套取清单项	屋面防水套取工程量清单项目准确、项目编码、项目名称、计量单位准确	20	
	2	清单工程量计算	屋面防水清单工程量计算准确	40	
	3	项目特征描述	屋面防水项目特征描述准确、全面、无歧义	20	
	4	工作态度	工作认真仔细，一丝不苟	10	
	5	团队合作	团队成员互帮互助，配合默契	10	
分部分项工程量清单报价（50%）	1	确定工作内容	屋面防水确定工作内容准确	15	
	2	计价工程量计算	屋面防水计价工程量计算准确	30	
	3	套取定额	屋面防水套取定额合理	15	
	4	综合单价计算	屋面防水综合单价计算流程准确、报价合理	20	
	5	工作态度	工作认真仔细，一丝不苟	10	
	6	团队合作	团队成员互帮互助，配合默契	10	

笔记

任务 2.10　保温、隔热、防腐工程计量与计价

任务目标

1．了解防腐面层分部分项工程量清单的编制方法；
2．掌握保温隔热屋面等分部分项工程量清单的编制方法；
3．掌握各分部分项的清单工程量和计价工程量计算规则；

4．熟练掌握综合单价的确定方法及注意事项；
5．能够正确描述各分部分项工程的项目特征；
6．能够准确编制实际工程各分部分项工程量清单；
7．能够合理确定各分部分项工程的综合单价和合价。

任务描述

某工程屋面为平屋面，卷材防水，膨胀珍珠岩保温，轴线尺寸为28 m×9 m，墙厚为240 mm，四周女儿墙，防水卷材上返250 mm。屋面做法为：现浇钢筋混凝土屋面板；1 ：10水泥膨胀珍珠岩找坡2%，最薄处40 mm厚；100 mm厚憎水珍珠岩块保温层；30 mm厚1 ：3 mm水泥砂浆找平，6 m×6 m分格，油膏嵌缝；SBS改性沥青防水卷材两层；20 mm厚1 ：2水泥砂浆抹光压平。试编制保温隔热屋面分部分项工程量清单并进行报价。

任务实施

2.10.1 学习保温、隔热、防腐工程相关知识

1．保温、隔热、防腐工程的工程量清单项目设置

保温、隔热、防腐工程主要包括保温、隔热，防腐面层，其他防腐三部分内容。

保温、隔热、防腐工程的工程量清单项目设置、项目特征描述的内容、计量单位及工程量计算规则，应分别按“计算规范”表K.1～表K.3的规定执行。“计算规范”表K.1～表K.3的部分内容见表2-10-1。

笔记

表2-10-1 保温、隔热、防腐工程

项目编码	项目名称	项目特征	计量单位	工程量计算规则	工作内容
011001001	保温隔热屋面	1．保温隔热材料品种、规格、厚度 2．隔汽层材料品种、厚度 3．粘结材料种类、做法 4．防护材料种类、做法	m^2	按设计图示尺寸以面积计算。扣除面积＞0.3 m^2孔洞及所占面积	1．基层清理 2．刷粘结材料 3．铺粘保温层 4．铺、刷（喷）防护材料
011001002	保温隔热天棚	1．保温隔热面层材料品种、规格、性能 2．保温隔热材料品种、规格及厚度 3．粘结材料种类及做法 4．防护材料种类及做法	m^2	按设计图示尺寸以面积计算。扣除面积＞0.3 m^2上柱、垛、孔洞所占面积，与天棚相连的梁按展开面积，计算并入天棚工程量	1．基层清理 2．刷粘结材料 3．铺粘保温层 4．铺、刷（喷）防护材料

续表

项目编码	项目名称	项目特征	计量单位	工程量计算规则	工作内容
011001003	保温隔热墙面	1．保温隔热部位 2．保温隔热方式 3．踢脚线、勒脚线保温做法 4．龙骨材料品种、规格 5．保温隔热面层材料品种、规格、性能 6．保温隔热材料品种、规格及厚度 7．增强网及抗裂防水砂浆种类 8．粘结材料种类及做法 9．防护材料种类及做法	m^2	按设计图示尺寸以面积计算。扣除门窗洞口以及面积＞0.3 m^2 梁、孔洞所占面积；门窗洞口侧壁以及与墙相连的柱，并入保温墙体工程量内	1．基层清理 2．刷界面剂 3．安装龙骨 4．填贴保温材料 5．保温板安装 6．粘贴面层 7．铺设增强格网、抹抗裂、防水砂浆面层 8．嵌缝 9．铺、刷（喷）防护材料

2．保温、隔热、防腐工程的分部分项工程量清单编制方法

（1）保温隔热屋面。

1）工作内容。保温隔热屋面的工作内容包括基层清理，刷粘结材料，铺粘保温层，铺、刷（喷）防护材料。

2）项目特征。保温隔热屋面的项目特征包括以下几项：

①保温隔热材料品种、规格、厚度；

②隔汽层材料品种、厚度；

③粘结材料种类、做法；

④防护材料种类、做法。

3）计算规则。保温隔热屋面工程量按设计图示尺寸以面积计算。扣除面积＞0.3 m^2 孔洞及所占面积。

层面做法如图 2-10-1 所示。

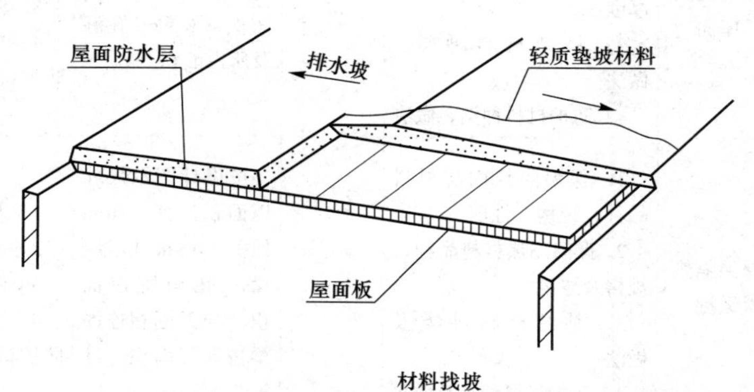

图 2-10-1　屋面做法示意

温馨提示

屋面保温层计价工程量按设计图示面积乘以平均厚度（图 2-10-2），以立方米计算。不扣除房上烟囱、风帽底座、风道和屋面小气窗等所占体积。

屋面保温层工程量＝保温层设计长度 × 设计宽度 × 平均厚度

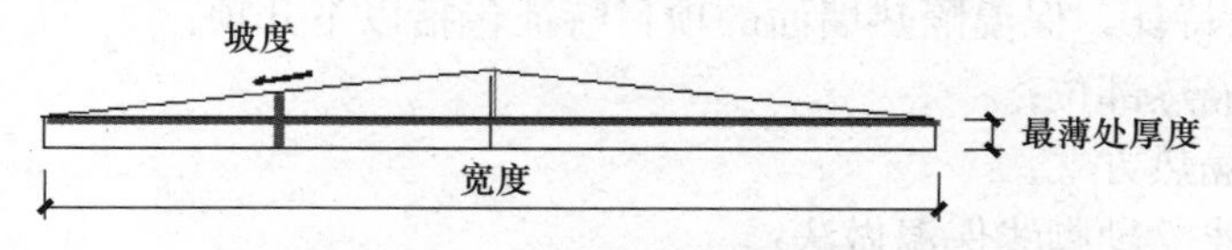

图 2-10-2　屋面保温层平均厚度示意

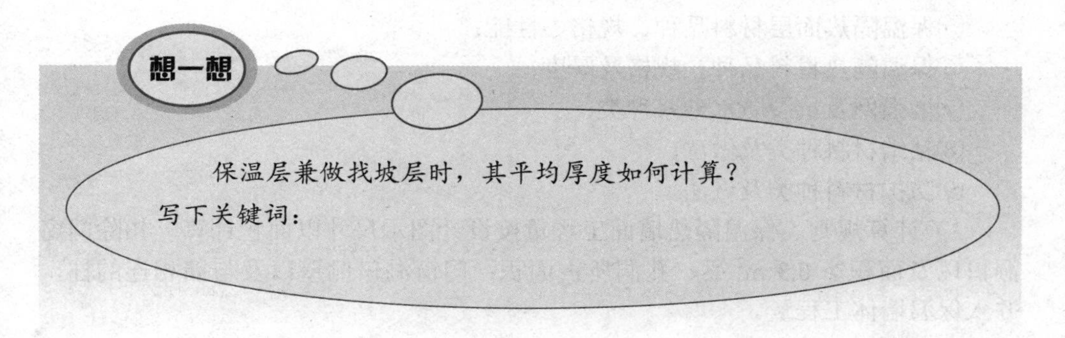

（2）保温隔热天棚。

1）工作内容。保温隔热天棚的工作内容包括基层清理，刷粘结材料，铺粘保温层，铺、刷（喷）防护材料。

2）项目特征。保温隔热天棚的项目特征包括以下几项：

①保温隔热面层材料品种、规格、性能；

②保温隔热材料品种、规格及厚度；

③粘结材料种类、做法；

④防护材料种类、做法。

3）计算规则。保温隔热天棚工程量按设计图示尺寸以面积计算。扣除面积 0.3 m^2 以上柱、垛、孔洞所占面积，与天棚相连的梁按展开面积，计算并入天棚工程量。

保温板如图 2-10-3 所示。

图 2-10-3　保温板

（3）保温隔热墙面。

1）工作内容。保温隔热墙面的工作内容包括基层清理，刷界面剂，安装龙骨，填贴保温材料，保温板安装，粘贴面层，铺设增强格网、抹抗裂、防水砂浆面层，嵌缝，铺、刷（喷）防护材料。

2）项目特征。保温隔热墙面的项目特征包括以下几项：

①保温隔热部位；

②保温隔热方式；

③踢脚线、勒脚线保温做法；

④龙骨材料品种、规格；

⑤保温隔热面层材料品种、规格、性能；

⑥保温隔热材料品种、规格及厚度；

⑦增强网及抗裂防水砂浆种类；

⑧粘结材料种类及做法；

⑨防护材料种类及做法。

3）计算规则。保温隔热墙面工程量按设计图示尺寸以面积计算。扣除门窗洞口以及面积＞0.3 m^2 梁、孔洞所占面积；门窗洞口侧壁以及与墙相连的柱，并入保温墙体工程量。

做一做

某工程外墙外边线长为 10.74 m，宽为 7.44 m，层高为 3.9 m。外墙上 M-1 尺寸为 1 200 mm×2 400 mm 共 1 个，内墙上 M-2 尺寸为 900 mm×2 400 mm 共 2 个，外墙上 C-1 尺寸 2 100 mm×1 800 mm 共 1 个，C-2 尺寸 1 200 mm×2 800 mm 共 2 个。外墙保温做法：基层表面处理；刷界面砂浆 5 mm；刷 30 mm 厚胶粉聚苯颗粒；门窗边做保温宽度为 120 mm。试编制保温墙面分部分项工程量清单，将编制结果填入下面分部分项工程量清单与计价表 2-10-2。

课堂训练答案—保温墙面

表 2-10-2　分部分项工程量清单与计价表

项目编码	项目名称	项目特征	计量单位	工程量	金额 / 元	
					综合单价	合价

4）有关说明。

①保温隔热装饰面层，按“计算规范”附录 K、L、M、N、O 中相关项目编码列项；仅做找平层按“计算规范”附录 K 中“平面砂浆找平层”或附录 L“立面砂浆找平层”项目编码列项；

②柱帽保温隔热应并入天棚保温隔热工程量；

③池槽保温隔热应按其他保温隔热项目编码列项；

④保温隔热方式是指内保温、外保温、夹心保温。

2.10.2 保温隔热屋面工程量计算

（1）根据表 2-10-1 保温隔热屋面可知：

项目编码：011001001；

项目名称：保温隔热屋面；

项目特征：

1）保温隔热材料品种、规格、厚度；

2）隔汽层材料品种、厚度；

3）粘结材料种类、做法；

4）防护材料种类、做法。

（2）工程量计算规则：保温隔热屋面工程量按设计图示尺寸以面积计算。扣除面积＞ 0.3 m^2 孔洞及占位面积。

（3）工程量：

$$（28-0.24）\times（9-0.24）=243.18（m^2）$$

2.10.3 保温隔热屋面分部分项工程量清单编制

将上述结果及相关内容填入“分部分项工程量清单与计价表”表格，见表2-10-3。

表 2-10-3 分部分项工程量清单与计价表

项目编码	项目名称	项目特征	计量单位	工程量	金额 / 元	
					综合单价	合价
011001001001	保温隔热屋面	1. 保温隔热部位：混凝土板上铺贴 2. 材料品种、规格、厚度： 1 : 10 水泥珍珠岩找坡 2%，最薄处 40 mm；100 mm 厚憎水珍珠岩保温块保温	m^2	243.18		

2.10.4 保温隔热屋面综合单价确定

微课：保温工程清单编制与计价

（1）确定工作内容：找坡、保温层铺贴。

（2）根据现行定额（或企业定额）计算规则计算各工程内容的工程数量——计价工程量：

定额规则：保温隔热层工程量除按设计图示尺寸和不同厚度以面积计算外，其他按设计图示尺寸以定额项目规定的计量单位计算。

$$找坡工程量=27.76\times8.76\times0.08=19.45（m^3）$$

$$保温层铺贴工程量=27.76\times8.76\times0.1=24.32（m^3）$$

（3）根据计价工程量套消耗量定额，选套定额：10-1-11 现浇水泥珍珠岩；10-1-2 憎水珍珠岩块。

（4）套取 2017 年山东省价目表，10-1-11 增值税（一般计税）单价为

2 793.86 元 /10（m^3），其中人工费为 886.35 元 /（10 m^3）；10-1-2 增值税（一般计税）单价为 5 111.56 元 /（10 m^3），其中人工费为 1 398.40 元 /（10 m^3）。

（5）计算清单项目工、料、机价款：

10-1-11 找坡　　　19.45÷10×2 793.86=5 434.06（元）

其中　　　　　　人工费 =19.45÷10×886.35=1 723.95（元）

10-1-2 保温层铺贴　　24.32÷10×5 111.56=12 431.31（元）

其中　　　　　　人工费 =24.32÷10×1 398.40=3 400.91（元）

（6）确定管理费费率、利润率分别为 25.6%、15.0%。

（7）合价：

合价 =(5 434.06+12 431.31)+(1 723.95+3 400.91)×(25.6%+15%)=19 946.06(元)

（8）综合单价：

综合单价 = 合价 ÷ 工程量 =19 946.06÷243.18=82.02（元）

将以上结果填入表 2-10-4。

表 2-10-4　分部分项工程量清单与计价表

序号	项目编码	项目名称	项目特征	计量单位	工程量	金额 / 元	
						综合单价	合价
1	011001001001	保温隔热屋面	1. 保温隔热部位：混凝土板上铺贴。 2. 材料品种、规格、厚度： 1 ∶ 10 水泥珍珠岩找坡 2%，最薄处 40 mm；100 mm 厚憎水珍珠岩保温块保温	m^2	243.18	82.02	19 946.06

任务总结

（1）“保温隔热屋面”清单项目适用各种材料的屋面隔热保温；

（2）保温层种类和保温材料配合比，设计与定额不同时可以换算，其他不变；

（3）屋面保温找坡层按“计算规范”附录 K 保温、隔热、防腐工程“保温隔热屋面”项目编码列项；

（4）保温隔热屋面的清单工程量按面积计算，而计价工程量按体积计算，应注意两者的区别。

实践训练与评价

1．实践训练

附录中“1 号办公楼”工程屋面为平屋面，卷材防水，水泥珍珠岩保温，四周女儿墙，防水卷材上翻 250 mm。屋面做法为：现浇钢筋混凝土屋面板；

20 mm 厚 1 ：2 水泥砂浆找平；石灰炉渣找坡层，坡度 2%，最薄处 50 mm 厚，最厚处 150 mm 厚；1 ：10 水泥珍珠岩保温层 100 mm 厚；20 mm 厚 1 ：2 水泥砂浆在填充料上找平；SBS 改性沥青防水卷材二层，每边上返 250 mm；20 厚 1 ：2 水泥砂浆抹光压平。以小组为单位，编制保温隔热屋面的分部分项工程量清单并进行报价。

将学习成果填入表 2-10-5，任务配分权重见表 2-10-6。

（1）工程量计算过程：

（2）综合单价确定过程：

（3）填写分部分项工程量清单与计价表。

笔记

表 2-10-5　分部分项工程量清单与计价表

序号	项目编码	项目名称	项目特征	计量单位	工程量	金额 / 元	
						综合单价	合价
1							

2．任务评价

表 2-10-6　本任务配分权重表

任务内容		评价指标		配分	得分
分部分项工程量清单编制（50%）	1	套取清单项	保温隔热屋面套取工程量清单项目准确、项目编码、项目名称、计量单位准确	20	
	2	清单工程量计算	保温隔热屋面清单工程量计算准确	40	
	3	项目特征描述	保温隔热屋面项目特征描述准确、全面、无歧义	20	
	4	工作态度	工作认真仔细，一丝不苟	10	
	5	团队合作	团队成员互帮互助，配合默契	10	

续表

任务内容		评价指标		配分	得分
分部分项工程量清单报价（50%）	1	确定工作内容	保温隔热屋面确定工作内容准确	15	
	2	计价工程量计算	保温隔热屋面计价工程量计算准确	30	
	3	套取定额	保温隔热屋面套取定额合理	15	
	4	综合单价计算	保温隔热屋面综合单价计算流程准确、报价合理	20	
	5	工作态度	工作认真仔细，一丝不苟	10	
	6	团队合作	团队成员互帮互助，配合默契	10	

笔记

项目3　装饰工程分部分项工程量清单编制与计价

项目导读

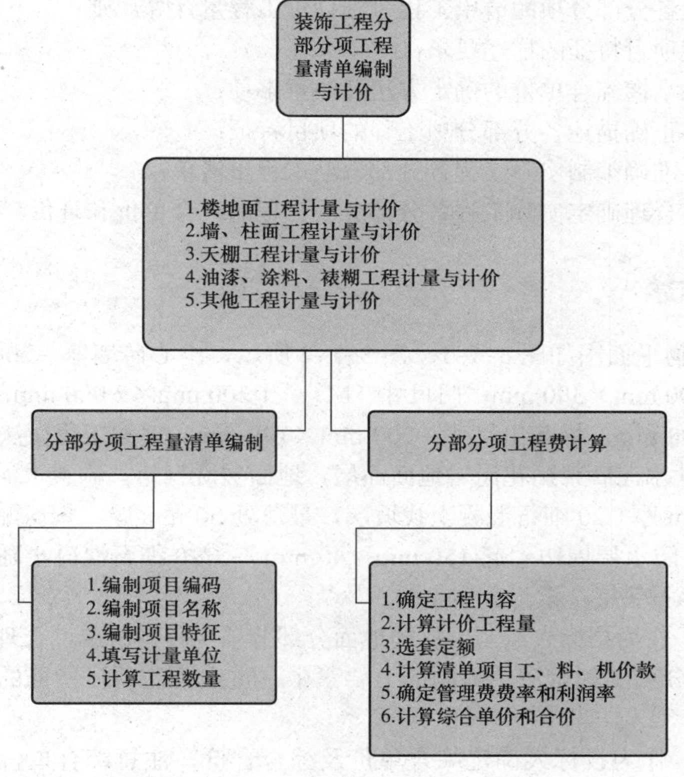

笔记

项目目标

	知识目标	能力目标
项目目标	1．熟悉装饰工程各分部分项的适用范围； 2．掌握装饰工程各分部分项的清单工程量计算规则； 3．掌握装饰工程各分部分项的项目特征描述要求； 4．掌握装饰工程各分部分项工程量清单的编制方法； 5．掌握装饰工程各分部分项的计价工程量计算规则； 6．掌握装饰工程各分部分项的综合单价和合价的计算流程	1．能够正确描述各分部分项工程的项目特征； 2．能够准确编制实际工程各分部分项工程量清单； 3．能够合理确定实际工程各分部分项工程的综合单价和合价； 4．能够自觉遵守法律、法规以及技术标准规定； 5．能够和同学及教学人员建立良好的合作关系； 6．具有实事求是、客观公正的职业素养和精益求精的工匠精神

任务 3.1　楼地面工程计量与计价

任务目标

1．掌握整体面层、块料面层、踢脚线等分部分项工程量清单的编制方法；
2．掌握各分部分项的清单工程量和计价工程量计算规则；
3．掌握项目特征的描述要求；
4．熟练掌握综合单价的确定方法及注意事项；
5．能够正确描述各分部分项工程的项目特征；
6．能够准确编制实际工程各分部分项工程量清单；
7．能够合理确定实际工程各分部分项工程的综合单价和合价。

任务描述

笔记

某建筑物平面图如图 3-1-1、图 3-1-2 所示，空心砖墙厚：200 mm；柱截面（Z）：300 mm×300 mm；门尺寸（M）：1 200 mm×2 000 mm；附墙烟囱：500 mm×500 mm；垛凸出尺寸：200 mm×100 mm。地面工程做法：30 mm 厚 1 ∶ 3 干硬性水泥砂浆贴花岗岩地面面层，地面酸洗打蜡；刷素水泥砂浆结合层一道；60 mm 厚 C20 细石混凝土找坡层，最薄处 30 mm 厚；聚氨酯涂膜防水层厚 1.5 mm，防水层周边卷起 150 mm；40 mm 厚 C20 细石混凝土随打随抹平；150 mm 厚碎石垫层；素土夯实。

任务 1：作为招标人编制石材楼地面分部分项工程量清单，合理确定清单项目，在分部分项工程量清单编制的五要素中，重点关注项目特征的描述和工程量计算。

任务 2：作为投标人确定综合单价及综合合价，注意综合单价的确定流程和取费基数。

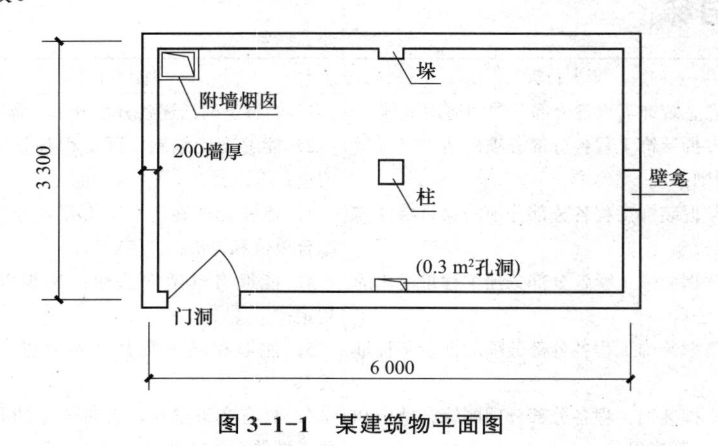

图 3-1-1　某建筑物平面图

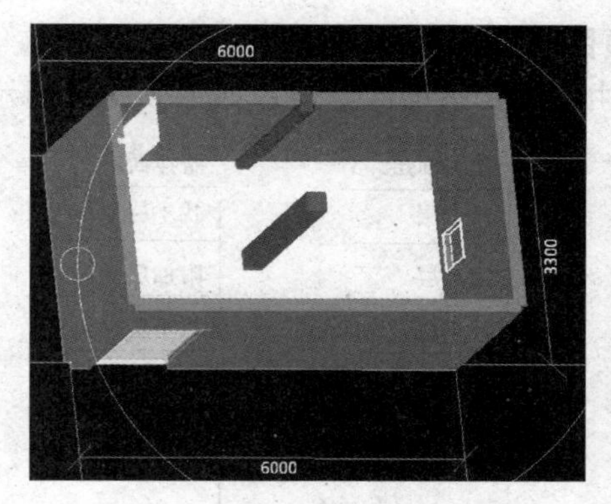

图 3-1-2　某建筑物 BIM 三维图

任务实施

3.1.1　学习楼地面工程相关知识

1．楼地面工程的工程量清单项目设置

楼地面工程主要包括整体面层及找平层，块料面层，橡塑面层，其他材料面层，踢脚线，楼梯面层，台阶装饰，零星装饰项目等。

楼地面工程的工程量清单项目设置、项目特征描述的内容、计量单位及工程量计算规则，应分别按“计算规范”表 L.1 ～表 L.8 的规定执行。“计算规范”表 L.1～表 L.8 的部分内容见表 3-1-1。

表 3-1-1　楼地面工程

<table>
<tr><th>项目编码</th><th>项目名称</th><th>项目特征</th><th>计量单位</th><th>工程量计算规则</th><th>工作内容</th></tr>
<tr><td>011101001</td><td>水泥砂浆楼地面</td><td>1．找平层厚度、砂浆配合比
2．素水泥浆遍数
3．面层厚度、砂浆配合比
4．面层做法要求</td><td rowspan="3">m^2</td><td>按设计图示尺寸以面积计算。扣除凸出地面构筑物、设备基础、室内管道、地沟等所占面积，不扣除间壁墙及 $\le 0.3\ m^2$ 柱、垛、附墙烟囱及孔洞所占面积。门洞、空圈、暖气包槽、壁龛的开口部分不增加面积</td><td>1．基层清理
2．抹找平层
3．抹面层
4．材料运输</td></tr>
<tr><td>011102001</td><td>石材楼地面</td><td rowspan="2">1．找平层厚度、砂浆配合比
2．结合层厚度、砂浆配合比
3．面层材料品种、规格、颜色
4．嵌缝材料种类
5．防护层材料种类
6．酸洗、打蜡要求</td><td rowspan="2">按设计图示尺寸以面积计算。门洞、空圈、暖气包槽、壁龛的开口部分并入相应的工程量</td><td rowspan="2">1．基层清理
2．抹找平层
3．面层铺设、磨边
4．嵌缝
5．刷防护材料
6．酸洗、打蜡
7．材料运输</td></tr>
<tr><td>011102003</td><td>块料楼地面</td></tr>
</table>

2．楼地面清单项目设置说明

楼地面工程一般由下列构造层次组成，如图 3-1-3 所示。

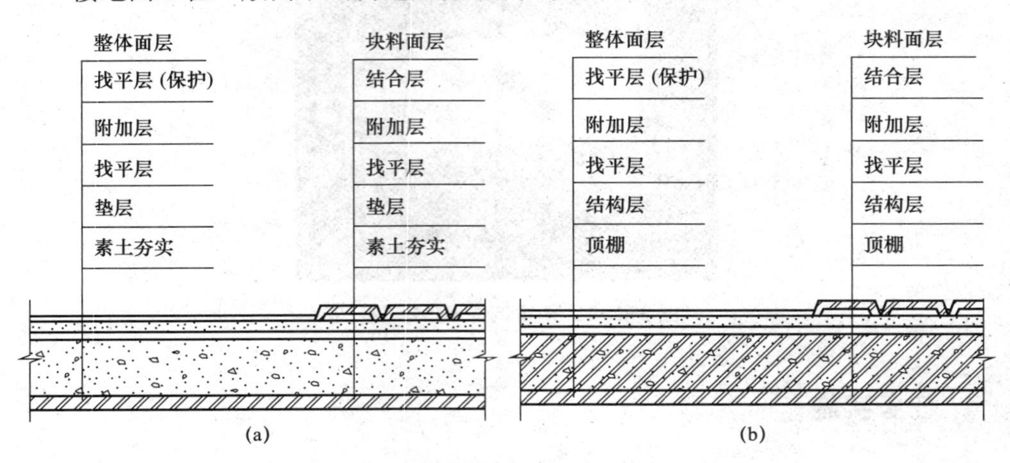

图 3-1-3　楼地面构造层次示意

（a）地面；（b）楼面

（1）基层：地面为夯实地基，楼面为楼板。基层的工程单价在建筑工程相应项目中计算。进行装饰施工时，一般须先对基层进行清理。

（2）垫层：按所用材料不同，有混凝土垫层、砂石级配垫层、碎石垫层、三合土垫层等。

（3）找平层：在楼板或垫层上或填充层上起找平、找坡和加强作用的构造层。一般有水泥砂浆找平，细石混凝土、沥青砂浆、沥青混凝土等找平。

（4）隔离层：起防水、防潮作用的构造层。一般有卷材、防水砂浆、沥青砂浆或防水涂料等隔离层。

（5）填充层：在建筑楼地面上起隔声、保温、找坡或敷设暗管、暗线等作用的构造层。可以采用轻质的松散材料，或块体材料，或整体材料进行填充。

（6）面层：直接承受各种荷载作用的表面层，可分为整体面层和块料面层两大类。

在面层构造中，为了保护面层，延长使用寿命，或使面层更具有装饰效果或加强面层的使用功能等，在面层中包括下列材料、构造：防护材料是耐酸、耐碱、耐臭氧、耐老化、防火、防油渗等的材料，有水泥砂浆、现浇水磨石、细石混凝土、菱苦土、大理石、花岗岩等石材、防滑地面砖等块材、橡胶板、橡胶卷材、塑料板、塑胶卷材、地毯、竹木地板、防静电活动地板、金属复合地板；嵌条材料是用于水磨石分格、作图案的嵌条，如玻璃条、铝合金嵌条等；防滑条是楼梯、台阶踏步的防滑设施，如水泥防滑条、水泥玻璃防滑条、铁防滑条等。

3．楼地面工程的分部分项工程量清单编制方法

（1）水泥砂浆楼地面。

1）工作内容。水泥砂浆楼地面的工作内容包括基层清理、抹找平层，抹面

层、材料运输等。

2）项目特征。水泥砂浆楼地面的项目特征包括以下几项：

①找平层厚度、砂浆配合比；

②素水泥浆遍数；

③面层厚度、砂浆配合比；

④面层做法要求。

3）计算规则。水泥砂浆楼地面工程量按设计图示尺寸以面积计算。扣除凸出地面构筑物、设备基础、室内管道、地沟等所占面积，不扣除间壁墙及≤ 0.3 m^2柱、垛、附墙烟囱和孔洞所占面积。门洞、空圈、暖气包槽、壁龛的开口部分不增加面积。

（2）自流坪楼地面。

1）工作内容。自流坪楼地面的工作内容包括基层清理、抹找平层，涂界面剂、涂刷中层漆、打磨、吸尘、镘自流平面漆（浆）、拌和自流平浆料、铺面层。

2）项目特征。自流坪楼地面的项目特征包括以下几项：

①找平层砂浆配合比、厚度；

②界面剂材料种类；

③中层漆材料种类厚度；

④面漆材料种类厚度；

⑤面层材料种类。

3）计算规则。自流坪楼地面工程量按设计图示尺寸以面积计算。扣除凸出地面构筑物、设备基础、室内管道、地沟等所占面积，不扣除间壁墙及≤ 0.3 m^2柱、垛、附墙烟囱和孔洞所占面积。门洞、空圈、暖气包槽、壁龛的开口部分不增加面积。

（3）平面砂浆找平层。

1）工作内容。平面砂浆找平层的工作内容包括基层清理、抹找平层，材料运输。

2）项目特征。平面砂浆找平层的项目特征包括找平层厚度、砂浆配合比。

3）计算规则。平面砂浆找平层工程量按设计图示尺寸以面积计算。

4）有关说明。

①水泥砂浆面层处理是拉毛还是提浆压光应在面层做法要求中描述。

②平面砂浆找平层只适用仅做找平层的平面抹灰。

③间壁墙是指墙厚≤ 120 mm 的墙。

④楼地面混凝土垫层另按“计算规范”附录 E.1 垫层项目编码列项，除混凝土外的其他材料垫层按“计算规范”表 D.4 垫层项目编码列项。

（4）石材楼地面。

1）工作内容。石材楼地面的工作内容包括基层清理，抹找平层，面层铺设、磨边，嵌缝，刷防护材料，酸洗、打蜡，材料运输等。

2）项目特征。石材楼地面的项目特征包括以下几项：

①找平层厚度、砂浆配合比；

笔记

②结合层厚度、砂浆配合比；

③面层材料品种、规格、颜色；

④嵌缝材料种类；

⑤防护层材料种类；

⑥酸洗、打蜡要求。

3）计算规则。石材楼地面工程量按设计图示尺寸以面积计算。门洞、空圈、暖气包槽、壁龛的开口部分并入相应的工程量。

4）有关说明。

①在描述碎石材项目的面层材料特征时可不用描述规格、颜色。

②石材、块料与粘结材料的结合面刷防渗材料的种类在防护层材料种类中描述。

③楼地面常见做法如图 3-1-4～图 3-1-11 所示。

图 3-1-4　带拼花图案石材楼地面

图 3-1-5　地板砖楼地面

笔记

图 3-1-6　渗水砖地面

图 3-1-7　拼碎石材地面

图 3-1-8　碎石垫层

图 3-1-9　干硬性水泥砂浆铺石材地面

图 3-1-10　卷材防水

图 3-1-11　涂膜防水

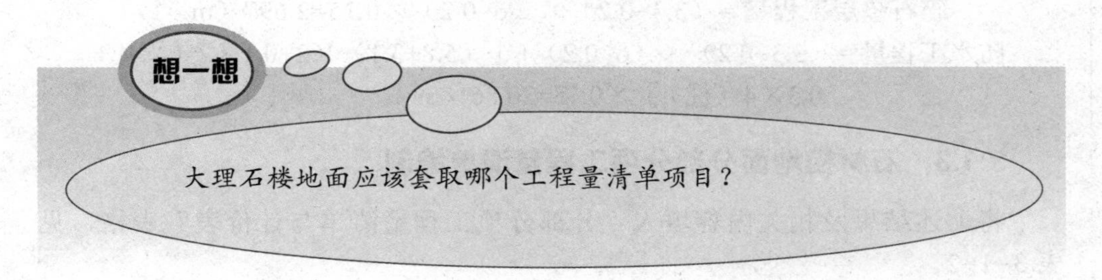

（5）块料踢脚线。

1）工作内容。块料踢脚线的工作内容包括基层清理，底层抹灰，面层铺贴、磨边，擦缝，磨光、酸洗、打蜡，刷防护材料，材料运输。

2）项目特征。块料踢脚线的项目特征包括以下几项：

①踢脚线的高度；

②粘结层厚度、材料种类；

③面层材料的品种、规格、颜色；

④防护材料种类。

3）计算规则。块料踢腿线工程量以平方米计量，按设计图示长度乘高度以面积计算；以米计量，按延长米计算。

（6）石材楼梯面层。

1）工作内容。石材楼梯面层的工作内容包括基层清理，抹找平层，面层铺贴、磨边，贴嵌防滑条，勾缝，刷防护材料，酸洗、打蜡，材料运输。

2）项目特征。石材楼梯面层的项目特征包括以下几项：

①找平层厚度、砂浆配合比；

②粘结层厚度、材料种类；

③面层材料品种、规格、颜色；

④防滑条材料种类、规格；

⑤勾缝材料种类；

⑥防护材料种类；

⑦酸洗、打蜡要求。

3）计算规则。石材楼梯面层工程量按设计图示尺寸以楼梯（包括踏步、休

笔记

息平台及≤ 500 mm 的楼梯井）水平投影面积计算。楼梯与楼地面相连时，算至梯口梁内侧边保；无梯口梁者，算至最上一层踏步边沿加 300 mm。

3.1.2　石材楼地面工程量计算

石材楼地面工程量计算规则：石材楼地面工程量按设计图示尺寸以面积计算。门洞、空圈、暖气包槽、壁龛的开口部分并入相应的工程量。

房间净面积 =（3.3−0.2）×（6−0.2）=17.98（m^2）

花岗岩地面工程量 =17.98+1.2×0.2（门开口处）−0.5×0.5（扣烟囱）−0.2 × 0.1（垛）−0.3×0.3（柱）−0.3（孔洞）=17.56（m^2）

微课：楼地面工程清单编制

碎石垫层工程量 =（3.3−0.2）×（6−0.2）×0.15=2.697（m^3）

防水工程量 =（3.3−0.2）×（6−0.2）+［（5.8+3.1）×2+0.1×2（垛）+ 0.3×4（柱）］×0.15=20.86（m^2）

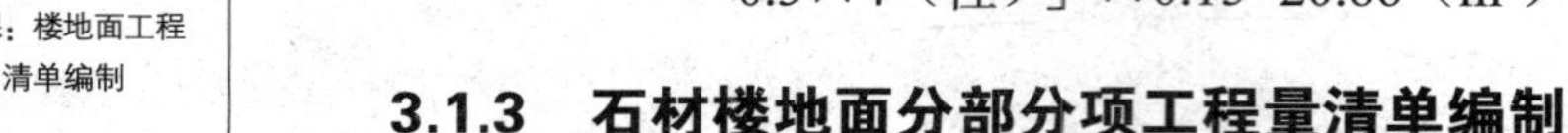

3.1.3　石材楼地面分部分项工程量清单编制

将上述结果及相关内容填入“分部分项工程量清单与计价表”表格，见表 3−1−2。

笔记

表 3−1−2　分部分项工程量清单与计价表

项目编码	项目名称	项目特征	计量单位	工程量	金额 / 元	
					综合单价	合价
011102001001	花岗岩楼地面	1. 40 mm 厚 C20 细石混凝土随打随抹平 2. 60 mm 厚 C20 细石混凝土找坡层，最薄处 30mm 厚 3. 刷素水泥砂浆结合层一道 4. 30 mm 厚 1 ∶ 3 干硬性水泥砂浆贴花岗岩地面面层 5. 地面酸洗打蜡	m^2	17.56		
010404001001	垫层	150 mm 厚碎石垫层	m^3	2.70		
010904002001	楼地面涂膜防水	聚氨酯涂膜防水层厚 1.5 mm，防水层周边卷起 150 mm	m^2	20.86		

3.1.4　花岗岩楼地面综合单价确定

1．花岗岩楼地面

（1）确定工作内容：细石混凝土找平层、找坡层、花岗岩面层、酸洗、打蜡。

（2）计算计价工程量：

1）40 mm 厚 C20 细石混凝土找平层：17.98 m^2。

2）60 mm 厚 C20 细石混凝土找坡层：17.98 m^2。

3）素水泥浆一道，30 mm 厚 1 ：3 干硬性水泥砂浆贴花岗岩地面面层：17.56m^2。

4）酸洗、打蜡：17.56 m^2。

（3）根据计价工程量套消耗量定额，选套定额：11-1-4 细石混凝土找平层 40 mm 厚；11-1-5 细石混凝土找平层每增减 5 mm 厚；11-3-5 石材楼地面干硬性水泥砂浆 不分色；11-5-11 酸洗打蜡、块料楼地面。

微课：楼地面工程综合单价的确定

（4）套取 2017 年山东省价目表，11-1-4 增值税（一般计税）单价为 217.86 元 /（10 m^2），其中人工费为 74.16 元 /（10 m^2）；11-1-5 增值税（一般计税）单价为 25.43 元 /（10 m^2），其中人工费为 8.24 元 /（10 m^2）；11-3-5 增值税（一般计税）单价为 2 215.89 元 /（10 m^2），其中人工费为 224.54 元 /（10 m^2）；11-5-11 增值税（一般计税）单价为 46.25 元 /（10 m^2），其中人工费为 40.17 元 /（10 m^2）。

（5）计算清单项目工、料、机价款：

找平层　　17.98×217.86÷10=391.71（元）

其中　　人工费＝ 17.98×74.16÷10=133.34（元）

找坡层 11-1-4　　17.98×217.86÷10=391.71（元）

其中　　人工费 =17.98×74.16÷10=133.34（元）

11-1-5　　17.98×4×25.43÷10=182.89（元）

其中　　人工费 =17.98×4×8.24÷10=59.26（元）

花岗岩面层　　17.56×2 215.89÷10=3 891.10（元）

其中　　人工费 =17.56×224.54÷10=394.29（元）

酸洗、打蜡　　17.56×46.25÷10=81.22（元）

其中　　人工费 =17.56×40.17÷10=70.54（元）

该清单项目工、料、机价款合计见表 3-1-3。

笔记

表 3-1-3　花岗岩地面清单项目工、料、机价款表

	工作内容	定额编号	计量单位	数量	人＋材＋机费用小计 / 元	其中人工费 / 元
石材楼地面	细石混凝土找平层	11-1-4	m^2	17.98	391.71	133.34
	细石混凝土找坡层	11-1-4	m^2	17.98	391.71	133.34
		11-1-5	m^2	17.98×4	182.89	59.26
	花岗岩地面	11-3-5	m^2	17.56	3 891.10	394.29
	地面酸洗、打蜡	11-5-11	m^2	17.56	81.22	70.54
	合计				4 938.63	790.77

（6）确定管理费费率、利润率分别为 32.2%、17.3%。

（7）综合合价：

综合合价 =4 938.63+790.77×（32.2%+17.3%）=5 330.06（元）

（8）综合单价：

综合单价 = 合价 ÷ 工程量 =5 330.06 ÷17.56=303.53（元）

2．碎石垫层

（1）确定工作内容：干铺碎石垫层。

（2）计算计价工程量：150 mm 厚碎石垫层计价工程量同清单工程量：2.7 m^3。

（3）根据计价工程量套消耗量定额，选套定额：2-1-5 干铺碎石垫层（机械振动）。

（4）套取 2 017 年山东省价目表，2-1-5 增值税（一般计税）单价为 1 789.88 元 /（10 m^3），其中人工费为 647.90 元 /（10 m^3）。

（5）计算清单项目工、料、机价款：

2.7×1 789.88÷10=483.27（元）

其中　　人工费 =2.7×647.90÷10=174.93（元）

（6）确定管理费费率、利润率分别为 25.6% 、15.0%。

（7）合价：

合价 =483.27+ 174.93×（25.6%+15%）=554.29（元）

（8）综合单价：

综合单价 = 合价 ÷ 工程量 =554.29 ÷2.7=205.29（元）（反算）

综合单价 =178.988+64.790 ×（25.6%+15%）=205.29（元）（正算）

3．楼地面涂膜防水

（1）确定工作内容：涂膜防水。

（2）计算计价工程量：涂膜防水计价工程量同清单工程量：20.86 m^2。

（3）根据计价工程量套消耗量定额，选套定额：9-2-47 聚氨酯防水涂膜 2 mm 厚平面；9-2-49 聚氨酯防水涂膜每增减 0.5 mm 厚平面。

（4）套取 2017 年山东省价目表，9-2-47 增值税（一般计税）单价为 452.70 元 /（10 m^2），其中人工费为 26.6 元 /（10 m^2）；9-2-49 增值税（一般计税）单价为 119.74 元 /（10 m^2），其中人工费为 6.65 元 /（10 m^2）。

（5）计算清单项目工、料、机价款：

9-2-47　　20.86×452.70÷10=944.33（元）

其中　　人工费 =20.86×26.6÷10=55.49（元）

9-2-49　　−20.86×119.74÷10=−249.78（元）

其中　　人工费 =−20.86×6.65÷10=−13.87（元）

（6）确定管理费费率、利润率分别为 25.6% 、15.0%。

（7）合价：

合价 =944.33−249.78+（55.49−13.87）×（25.6%+15%）=711.45（元）

（8）综合单价：

综合单价 = 合价 ÷ 工程量 = 711.45÷20.86=34.11（元）

综合单价 =45.27−11.974+（2.66−0.665）×（25.6%+15%）=34.11（元）

将以上结果填入表 3-1-4。

表 3-1-4　分部分项工程量清单与计价表

项目编码	项目名称	项目特征	计量单位	工程数量	金额 / 元	
					综合单价	合价
011102001001	花岗岩楼地面	1．40 mm 厚 C20 细石混凝土随打随抹平 2．60 mm 厚 C20 细石混凝土找坡层，最薄处 30 mm 厚 3．刷素水泥砂浆结合层一道 4.30 mm 厚 1 ∶ 3 干硬性水泥砂浆贴花岗岩地面面层 5．地面酸洗打蜡	m^2	17.56	303.53	5 330.16
010404001001	垫层	150mm 厚碎石垫层	m^3	2.70	205.29	554.29
010904002001	楼地面涂膜防水	聚氨酯涂膜防水层厚 1.5 mm，防水层周边卷起 150 mm	m^2	20.86	34.11	711.45

任务总结

（1）水泥砂浆面层处理是拉毛还是提浆压光应在面层做法要求中描述；

（2）平面砂浆找平层只适用仅做找平层的平面抹灰；

（3）间壁墙指墙厚≤ 120 mm 的墙；

（4）楼地面混凝土垫层另按“计算规范”附录 E.1 垫层项目编码列项，除混凝土外的其他材料垫层按“计算规范”表 D.4 垫层项目编码列项；

（5）项目特征应描述影响工程造价的重要因素；

（6）花岗岩楼地面报价时应考虑项目特征描述中的所有内容；

（7）涂膜防水报价时注意涂膜的厚度，如果实际厚度与定额不同，应注意调整。

笔记

实践训练与评价

1．实践训练

某装饰工程二层大厅楼地面设计为成品大理石拼花图案，地面面积 15×22=330（m^2）。地面中有钢筋混凝土柱 8 根，直径为 1.2 m，楼面找平层 C20 细石混凝土 40 mm。如图 3-1-12 所示，大理石图案为圆形，直径为 1.8 m，图案外边线 2.4 m×2.4 m，共 4 个，其余为规格块料点缀，规格块料 600 mm×600 mm，点缀 125 个，100 mm×100 mm。结合层为水泥砂浆 1 ∶ 2.5，地面酸洗、打蜡。点缀块料为工厂切割加工成设计规格，点缀周边主体规格块料边线为现场切割，图

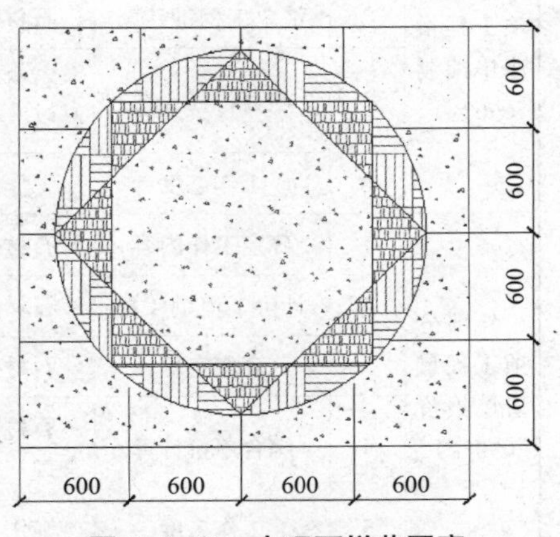

图 3-1-12　大理石拼花图案

案周边异形大理石块料为现场切割加工。

任务 1：编制分部分项工程量清单，注意分析清单列项，在分部分项工程量清单编制的五要素中，重点关注项目特征的描述和工程量计算；

任务 2：确定综合单价及合价，注意综合单价的确定流程和取费基数。

将学习成果填入表 3-1-5，任务配分权重见表 3-1-6。

（1）工程量计算过程：

实践训练答案—大理石楼地面

（2）综合单价确定过程：

（3）填写分部分项工程量清单与计价表。

表 3-1-5　分部分项工程量清单与计价表

序号	项目编码	项目名称	项目特征	计量单位	工程量	金额 / 元	
						综合单价	合价
1							

笔记

2. 任务评价

表 3-1-6　本任务配分权重表

任务内容		评价指标		配分	得分
分部分项工程量清单编制（50%）	1	套取清单项	石材楼地面套取工程量清单项目准确、项目编码、项目名称、计量单位准确	20	
	2	清单工程量计算	石材楼地面清单工程量计算准确	40	
	3	项目特征描述	石材楼地面项目特征描述准确、全面、无歧义	30	
	4	工作态度	工作认真仔细，一丝不苟	10	
分部分项工程量清单报价（50%）	1	确定工作内容	石材楼地面确定工作内容准确	15	
	2	计价工程量计算	石材楼地面计价工程量计算准确	30	
	3	套取定额	石材楼地面套取定额合理	15	
	4	综合单价计算	石材楼地面综合单价计算流程准确、报价合理	30	
	5	工作态度	工作认真仔细，一丝不苟	10	

任务 3.2　墙、柱面工程计量与计价

任务目标

1．掌握墙、柱面抹灰、墙柱面镶贴块料等分部分项工程量清单的编制方法；
2．掌握各分部分项清单工程量和计价工程量的计算规则；
3．掌握项目特征的描述要求；
4．熟练掌握综合单价的确定方法及注意事项；
5．能够正确描述各分部分项工程的项目特征；
6．能够准确编制实际工程各分部分项工程量清单；
7．能够合理确定实际工程各分部分项工程的综合单价和合价。

任务描述

某工程外墙平面，立面图如图 3-2-1 所示。M 尺寸为 1 500 mm×2 000 mm；C1 尺寸为 1 500 mm×1 500 mm；C2 尺寸为 1 200 mm×800 mm；门窗侧面宽度 100 mm，外墙水泥砂浆粘贴规格 150 mm×75 mm 瓷质外墙砖，灰缝 10 mm 以内。

任务 1：编制外墙装饰工程量清单，注意分析清单列项，分部分项工程量清单编制的五要素，重点关注项目特征的描述和工程量计算。

任务 2：确定综合单价及综合合价，注意综合单价的确定流程和取费基数。

笔记

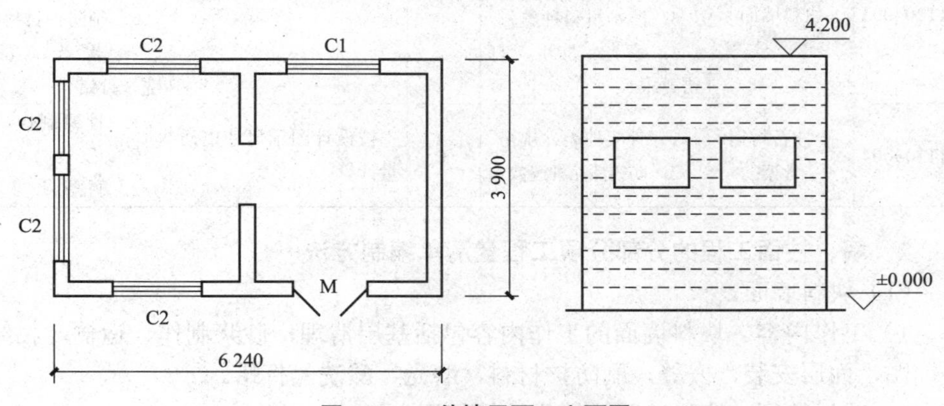

图 3-2-1　外墙平面、立面图

任务实施

3.2.1　学习墙、柱面工程相关知识

1．墙、柱面工程的工程量清单项目设置

墙、柱面工程主要包括墙面抹灰，柱（梁）面抹灰，零星抹灰，墙面块料

面层，柱（梁）面镶贴块料，镶贴零星块料，墙饰面，柱（梁）饰面，幕墙，隔断工程等项目。

墙、柱面工程的工程量清单项目设置、项目特征描述的内容、计量单位及工程量计算规则，应分别按“计算规范”表 M.1 ～表 M.10 的规定执行。“计算规范”表 M.1 ～表 M.10 的部分内容见表 3-2-1。

表 3-2-1　墙、柱面工程

<table>
<tr><th>项目编码</th><th>项目名称</th><th>项目特征</th><th>计量单位</th><th>工程量计算规则</th><th>工作内容</th></tr>
<tr><td>011201001</td><td>墙面一般抹灰</td><td rowspan="2">1．墙体类型
2．底层厚度、砂浆配合比
3．面层厚度、砂浆配合比
4．装饰面材料种类
5．分格缝宽度、材料种类</td><td rowspan="4">m²</td><td rowspan="2">按设计图示尺寸以面积计算。扣除墙裙、门窗洞口及单个＞ 0.3 m² 的孔洞面积，不扣除踢脚线、挂镜线和墙与构件交接处的面积，门窗洞口和孔洞的侧壁及顶面不增加面积。附墙柱、梁、垛、烟囱侧壁并入相应的墙面面积</td><td rowspan="2">1．基层清理
2．砂浆制作、运输
3．底层抹灰
4．抹面层
5．抹装饰面
6．勾分格缝</td></tr>
<tr><td>011201002</td><td>墙面装饰抹灰</td></tr>
<tr><td>011204001</td><td>石材墙面</td><td rowspan="2">1．墙体类型
2．安装方式
3．面层材料品种、规格、颜色
4．缝宽、嵌缝材料种类
5．防护材料种类
6．磨光、酸洗、打蜡要求</td><td rowspan="2">按镶贴表面积计算</td><td rowspan="2">1．基层清理
2．砂浆制作、运输
3．粘结层铺贴
4．面层安装
5．嵌缝
6．刷防护材料
7．磨光、酸洗、打蜡</td></tr>
<tr><td>011204003</td><td>块料墙面</td></tr>
<tr><td>011204004</td><td>干挂石材钢骨架</td><td>1．骨架种类、规格
2．防锈漆品种遍数</td><td>t</td><td>按设计图示尺寸以质量计算</td><td>1．骨架制作、运输、安装
2．刷漆</td></tr>
</table>

2．墙、柱面工程的分部分项工程量清单编制方法

（1）块料墙面。

1）工作内容。块料墙面的工作内容包括基层清理，砂浆制作、运输，粘结层铺贴，面层安装，嵌缝，刷防护材料，磨光、酸洗、打蜡。

2）项目特征。块料墙面的项目特征如下：

①墙体类型；

②安装方式；

③面层材料品种、规格、颜色；

④缝宽、嵌缝材料种类；

⑤防护材料种类；

⑥磨光、酸洗、打蜡要求。

3）计算规则。块料墙面工程量按镶贴表面积计算。

4）有关说明。

①墙体类型是指砖墙、石墙、混凝土墙、砌块墙及内墙、外墙等。

②块料饰面板是指石材饰面板、陶瓷面砖、玻璃面砖、金属饰面板、塑料饰面板、木质饰面板等。如图 3-2-2 所示为外墙饰面、图 3-2-3 所示为外墙面砖。

图 3-2-2　外墙饰面

图 3-2-3　外墙面砖

③安装方式可描述为砂浆或粘结剂粘贴、挂贴、干挂等，无论哪种安装方式，都要详细描述与组价相关的内容。

挂贴是指对大规格的石材（大理石、花岗岩、青石等）使用铁件先挂在墙面后灌浆的方法固定。

干挂有两种：一种是直接干挂法，通过不锈钢膨胀螺栓、不锈钢挂件、不锈钢连接件、不锈钢针等将外墙饰面板连接在外墙面；另一种是间接干挂法，是通过固定在墙上的钢龙骨，再用各种挂件固定外墙饰面板。

④嵌缝材料是指砂浆、油膏、密封胶等材料。

⑤石材、块料与粘结材料的结合面刷防渗材料的种类在防护层材料种类中描述。

⑥在描述碎块项目的面层材料特征时可不用描述规格、颜色。

（2）干挂石材钢骨架。

1）工作内容。干挂石材钢骨架的内容包括钢骨架制作、运输、安装，刷漆。

2）项目特征。干挂石材钢骨架的项目特征包括以下几项：

①钢骨架种类、规格；

②防锈漆品种遍数。

3）计算规则。干挂石材钢骨架工程量按设计图示尺寸以质量计算。

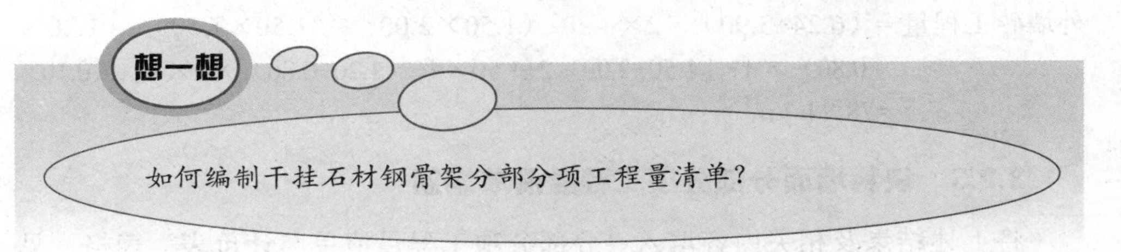

做一做

木龙骨、五合板基层、不锈钢柱面尺寸如图 3-2-4 所示，共 4 根，龙骨断面为 30 mm×40 mm，间距为 250 mm。试编制柱饰面分部分项工程量清单，将编制结果填入表 3-2-2。

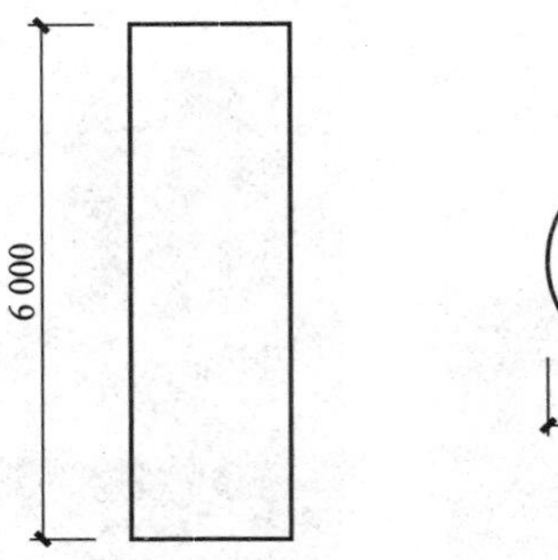

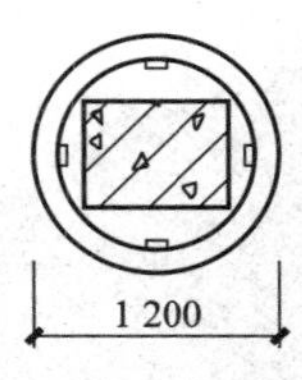

图 3-2-4 柱饰面图

编制过程

编制成果

笔记

表 3-2-2 分部分项工程量清单与计价表

项目编码	项目名称	项目特征	计量单位	工程量	金额 / 元	
					综合单价	合价

问题分析

3.2.2 块料墙面工程量计算

块料墙面工程量计算规则：按镶贴表面积计算。

外墙砖工程量 =（6.24+3.90）×2×4.20-（1.50×2.00）-（1.50×1.50）-（1.20×0.80）×4+［1.50+2.00×2+1.50×4+（1.20+0.80）×2×4］×0.10
=78.84（m^2）

3.2.3 块料墙面分部分项工程量清单编制

将上述结果及相关内容填入“分部分项工程量清单与计价表”表格，见表 3-2-3。

表 3-2-3　分部分项工程量清单与计价表

项目编码	项目名称	项目特征	计量单位	工程量	金额 / 元	
					综合单价	合价
011204003001	块料墙面	1．墙体类型 2．安装方式：水泥砂浆粘贴 3．面层材料品种、规格、颜色：规格 150 mm×75 mm 瓷质外墙砖 4．缝宽、嵌缝材料种类：灰缝 10 mm 内 5．防护材料种类 6．磨光、酸洗、打蜡要求	m^2	78.84		

3.2.4　块料墙面综合单价确定

（1）确定工作内容：水泥砂浆粘贴瓷质外墙砖。

（2）计算计价工程量：

瓷质外墙砖的计价工程量同清单工程量：78.84 m^2。

（3）根据计价工程量套消耗量定额，选套定额：12-2-34 水泥砂浆粘贴瓷质外墙砖 150 mm×75 mm 灰缝宽度≤ 10 mm。

（4）套取 2017 年山东省价目表，12-2-34 增值税（一般计税）单价为 996.56 元 /（10 m^2），其中人工费为 567.53 元 /（10 m^2）。

（5）计算清单项目工、料、机价款：

78.84×996.56÷10=7 856.88（元）

其中　　　　人工费 78.84×567.53÷10=4 474.41（元）

（6）确定管理费费率、利润率分别为 32.2%、17.3%。

（7）合价：

合价 =7 856.88+4 474.41×（32.2%+17.3%）=10 071.71（元）

（8）综合单价：

综合单价 = 合价 ÷ 工程量 =10 071.71÷78.84=127.75（元）

将以上结果填入表 3-2-4。

微课：墙柱面工程清单编制与计价

表 3-2-4　分部分项工程量清单与计价表

项目编码	项目名称	项目特征	计量单位	工程量	金额 / 元	
					综合单价	合价
011204003001	块料墙面	1．墙体类型 2．安装方式：水泥砂浆粘贴 3．面层材料品种、规格、颜色：规格 150 mm×75 mm 瓷质外墙砖 4．缝宽、嵌缝材料种类：灰缝 10 mm 以内 5．防护材料种类 6．磨光、酸洗、打蜡要求	m^2	78.84	127.75	10 071.71

任务总结

（1）石材、块料与粘结材料的结合面刷防渗材料的种类在防护层材料种类中描述；

（2）安装方式可描述为砂浆或粘结剂粘贴、挂贴、干挂等，无论何种安装方式，都要详细描述与组价相关的内容；

（3）项目特征应描述影响工程造价的重要因素，本案例中灰缝宽度在 10 mm 以内影响工程造价，应描述，不要漏掉；

（4）计算块料墙面工程量时，应注意把门窗洞口侧壁的铺贴面积并入工程量；

（5）注意装饰工程的山东省指导费率（如企业管理费、利润等）与建筑工程的不同。

实践训练与评价

1．实践训练

计算附录中“1 号办公楼”工程的卫生间墙面工程量，墙面做法见附录图纸，釉面砖规格为 200 mm×300 mm，面砖的镶贴高度为 3 m，门窗侧面镶贴宽度 100 mm。不考虑防水层。以小组为单位，完成以下任务，将学习成果填入表 3-2-5，任务配分权重见表 3-2-6。

任务 1：计算首层卫生间墙面工程量，编制卫生间墙面分部分项工程量清单，注意分部分项工程量清单的五大要素，重点关注项目特征的描述和工程量计算。

任务 2：确定卫生间墙面综合单价及综合合价，注意综合单价的确定流程和取费基数。

（1）工程量计算过程；

（2）综合单价确定过程；

（3）填写分部分项工程量清单与计价表。

表 3-2-5　分部分项工程量清单与计价表

序号	项目编码	项目名称	项目特征	计量单位	工程量	金额 / 元	
						综合单价	合价
1							

2．任务评价

表 3-2-6　本任务配分权重表

任务内容		评价指标		配分	得分
分部分项工程量清单编制（50%）	1	套取清单项	卫生间墙面套取工程量清单项目准确、项目编码、项目名称、计量单位准确	20	

续表

任务内容		评价指标		配分	得分
分部分项工程量清单编制（50%）	2	清单工程量计算	卫生间墙面清单工程量计算准确	40	
	3	项目特征描述	卫生间墙面项目特征描述准确、全面、无歧义	20	
	4	工作态度	工作认真仔细，一丝不苟	10	
	5	团队合作	团队成员互帮互助，配合默契	10	
分部分项工程量清单报价（50%）	1	确定工作内容	卫生间墙面确定工作内容准确	15	
	2	计价工程量计算	卫生间墙面计价工程量计算准确	30	
	3	套取定额	卫生间墙面套取定额合理	15	
	4	综合单价计算	卫生间墙面综合单价计算流程准确、报价合理	20	
	5	工作态度	工作认真仔细，一丝不苟	10	
	6	团队合作	团队成员互帮互助，配合默契	10	

实践训练答案—卫生间墙面

笔记

任务 3.3　天棚工程计量与计价

任务目标

1. 了解采光天棚、天棚其他装饰等分部分项工程量清单的编制方法；
2. 掌握天棚抹灰、天棚吊顶等分部分项工程量清单的编制步骤；
3. 掌握各分部分项的清单工程量和计价工程量的计算规则；
4. 掌握项目特征的描述要求；
5. 熟练掌握综合单价的确定方法及注意事项；
6. 能够正确描述各分部分项工程的项目特征；
7. 能够准确编制实际工程各分部分项工程量清单；
8. 能够合理确定实际工程各分部分项工程的综合单价和合价。

任务描述

某办公室顶棚装修平面如图 3-3-1 所示。天棚设检查孔一个（0.5 m×0.5 m），窗帘盒宽为 200 mm，高为 400 mm，通长。吊顶做法：一级不上人 U 形轻钢龙骨，中距为 450 mm×450 mm；基层为九夹板；刷防火涂料两遍，面层为红榉拼花。

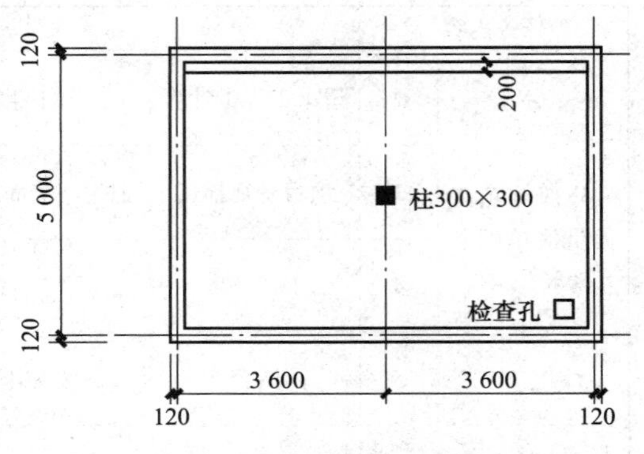

图 3-3-1　某办公室顶棚装修图

任务 1：编制吊顶天棚分部分项工程量清单，注意分部分项工程量清单编制的五要素，重点关注项目特征的描述和工程量计算。

任务 2：确定综合单价及综合合价，计算时注意综合单价的确定流程和取费基数。

3.3.1　学习天棚工程相关知识

1．天棚工程的工程量清单项目设置

天棚装饰工程清单项目应按设计图示要求注明装饰位置，结构层材料名称，龙骨设置方式，构造尺寸要求，面层材料品种、规格，装饰造型要求，特殊工艺及材料处理要求等，并结合各项目所包含的工作内容，进行清单项目组合、编码、列项。天棚工程主要包括天棚抹灰，天棚吊顶，采光天棚，天棚其他装饰等项目。

天棚工程的工程量清单项目设置、项目特征描述的内容、计量单位及工程量计算规则，应分别按计算规范表 N.1 ～表 N.4 的规定执行。计算规范表 N.1 ～表 N.4 的部分内容见表 3-3-1。

笔记

表 3-3-1　天棚工程

项目编码	项目名称	项目特征	计量单位	工程量计算规则	工作内容
011301001	天棚抹灰	1．基层类型 2．抹灰厚度、材料种类 3．砂浆配合比	m^2	按设计图示尺寸以水平投影面积计算。不扣除间壁墙、垛、柱、附墙烟囱、检查口和管道所占的面积，带梁天棚的梁两侧抹灰面积并入天棚面积，板式楼梯底面抹灰按斜面积计算，锯齿形楼梯底板抹灰按展开面积计算	1．基层清理 2．底层抹灰 3．抹面层

续表

项目编码	项目名称	项目特征	计量单位	工程量计算规则	工作内容
011302001	吊顶天棚	1. 吊顶形式、吊杆规格、高度 2. 龙骨、材料种类、规格、中距 3. 基层材料种类、规格 4. 面层材料品种、规格 5. 压条材料种类、规格 6. 嵌缝材料种类 7. 防护材料种类	m^2	按设计图示尺寸以水平投影面积计算。天棚面中的灯槽及跌级、锯齿形、吊挂式、藻井式天棚面积不展开计算。不扣除间壁墙、检查口、附墙烟囱、柱垛和管道所占面积，扣除单个＞0.3 m^2 的孔洞、独立柱及与天棚相连的窗帘盒所占的面积	1. 基层清理、吊杆安装 2. 龙骨安装 3. 基层板铺贴 4. 面层铺贴 5. 嵌缝 6. 刷防护材料

2．天棚工程分部分项工程量清单编制方法

（1）吊顶天棚。

1）工作内容。吊顶天棚的工作内容包括基层清理、吊杆安装，龙骨安装，基层板铺贴，面层铺贴，嵌缝，刷防护材料等。

2）项目特征。吊顶天棚的项目特征包括以下几项：

①吊顶形式、吊杆规格、高度；

②龙骨类型、材料种类、规格、中距；

③基层材料种类、规格；

④面层材料品种、规格；

⑤压条材料种类、规格；

⑥嵌缝材料种类；

⑦防护材料种类。

3）计算规则。吊顶天棚工程量按设计图示尺寸以水平投影面积计算。天棚面中的灯槽及跌级、锯齿形、吊挂式、藻井式天棚面积不展开计算。不扣除间壁墙、检查口、附墙烟囱、柱垛和管道所占面积，扣除单个＞0.3 m^2 的孔洞、独立柱及与天棚相连的窗帘盒所占的面积。

4）相关图片。吊顶天棚相关图片如图 3-3-2 ～图 3-3-4 所示。

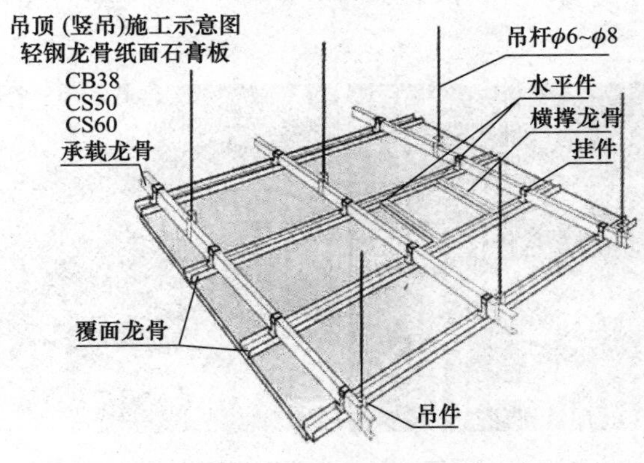

图 3-3-2　吊顶施工示意

笔记

图 3-3-3　天棚木龙骨

图 3-3-4 铝塑板吊顶

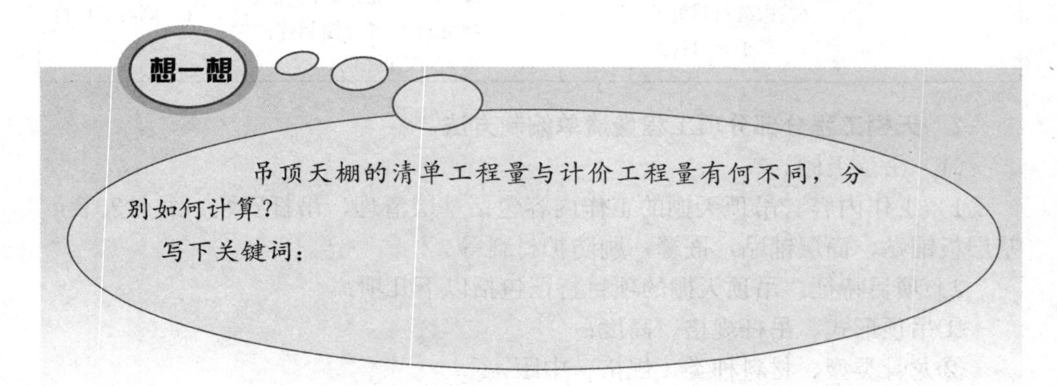

（2）格栅吊顶。

1）工作内容。格栅吊顶的工作内容包括基层清理，安装龙骨，基层板铺贴，面层铺贴，刷防护材料。

2）项目特征。格栅吊顶的项目特征包括以下几项：

①龙骨材料种类、规格、中距；

②基层材料种类、规格；

③面层材料品种、规格；

④防护材料种类。

3）计算规则。格栅吊顶工程量按设计图尺寸以水平投影面积计算。

4）有关说明。格栅吊顶适用木格栅、金属格栅、塑料格栅等。格栅吊顶如图 3-3-5 所示。

图 3-3-5　格栅吊顶

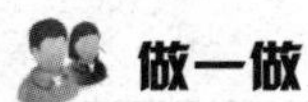

做一做

某天棚尺寸如图 3-3-6 所示，钢筋混凝土板下吊双层楞木，面层为塑料板。试编制吊顶天棚分部分项工程量清单，将编制结果填入下面分部分项工程量清单与计价表 3-3-2。

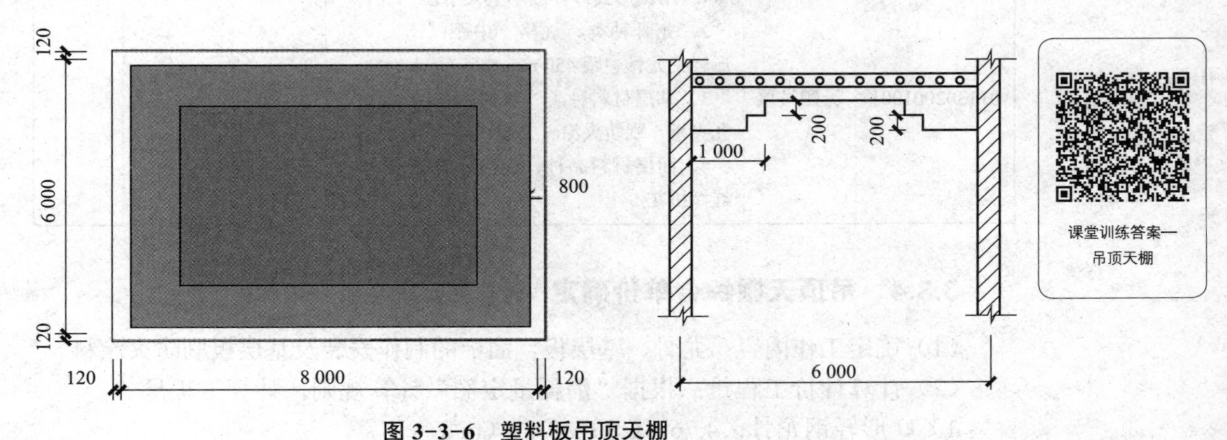

图 3-3-6　塑料板吊顶天棚

课堂训练答案—吊顶天棚

表 3-3-2　分部分项工程量清单与计价表

项目编码	项目名称	项目特征	计量单位	工程量	金额 / 元	
					综合单价	合价

3.3.2　吊顶天棚工程量计算

1．吊顶天棚工程量计算规则

（1）按设计图示尺寸以水平投影面积计算；

（2）不扣除检查口所占面积；

（3）扣除独立柱、与天棚相连的窗帘盒所占的面积。

2．吊顶天棚工程量计算

$$(5-0.24-0.2)\times(3.6\times2-0.24)-0.3\times0.3=31.65\ (\text{m}^2)$$

微课：天棚工程清单编制与计价

3.3.3　吊顶天棚分部分项工程量清单编制

将上述结果及相关内容填入“分部分项工程量清单与计价表”表格，见表 3-3-3。

表 3-3-3　分部分项工程量清单与计价表

项目编码	项目名称	项目特征	计量单位	工程量	金额 / 元	
					综合单价	合价
011302001001	天棚吊顶	1．吊顶形式：一级不上人吊顶 2．龙骨种类、规格、中距：U形轻钢龙骨中距 450 mm×450 mm 3．基层材料种类、规格：基层九夹板，刷防火涂料二遍 4．面层材料品种、规格：面层红榉拼花	m^2	31.65		

3.3.4　吊顶天棚综合单价确定

（1）确定工作内容：龙骨、基层板、面板的制作安装及基层板刷防火涂料。

（2）计算计价工程量：根据“消耗量定额”计算规则，计算工程量

1）U 形轻钢龙骨：4.76×6.96=33.13（m^2）。

2）基层九夹板：（5−0.24）×（3.6×2−0.24）−0.3×0.3−（3.6×2−0.24）×0.2=31.65（m^2）。

3）面层红榉板：31.65 m^2

4）基层板刷防火涂料：31.65 m^2

（3）根据计价工程量套消耗量定额，选套定额：13−2−9 不上人型装配式 U 型轻钢天棚龙骨（网格尺寸 450×450）平面；13−3−3 铺钉胶合板基层 九夹板 轻钢龙骨；13−3−16 装饰木夹板面层 拼花；14−1−112 防火涂料二遍 木板面。

（4）套取 2017 年山东省价目表，13−2−9 增值税（一般计税）单价为 414.27 元 /（10 m^2），其中人工费为 198.79 元 /（10 m^2）；13−3−3 增值税（一般计税）单价为 390.11 元 /（10 m^2），其中人工费为 86.52 元 /（10 m^2）；13−3−16 增值税（一般计税）单价为 478.12 元 /（10 m^2），其中人工费为 92.70 元 /（10 m^2）；14−1−112 增值税（一般计税）单价为 162.25 元 /（10 m^2），其中人工费为 61.80 元 /10 m^2。

（5）计算清单项目工、料、机价款：

13−2−9　　33.13×414.27÷10=1 372.48（元）

其中　　人工费 =33.13×198.79÷10=658.59（元）

13−3−3　　31.65×390.11÷10=1 234.70（元）

其中　　人工费 =31.65×86.52÷10=273.84（元）

13−3−16　　31.65×478.12÷10=1 513.25（元）

其中　　人工费 =31.65×92.70÷10=293.40（元）

14−1−112　　31.65×162.25÷10=513.52（元）

其中　　人工费 =31.65×61.80÷10=195.60（元）

工、料、机价款合计 =1 372.48+1 234.70+1 513.25+513.52=4 633.95（元）

其中　　人工费合计 =658.59+273.84+293.40+195.60=1 421.43（元）

（6）确定管理费费率、利润率分别为 32.2%、17.3%。

（7）合价：

合价 =4 633.95+1 421.43×（32.2%+17.3%）=5 337.56（元）

（8）综合单价：

综合单价 = 综合合价 ÷ 清单工程量 =5 337.56÷31.65=168.64（元）

将以上结果填入表 3–3–4。

表 3–3–4　分部分项工程量清单与计价表

项目编码	项目名称	项目特征	计量单位	工程量	金额 / 元	
					综合单价	合价
011302001001	天棚吊顶	1．吊顶形式：一级不上人吊顶 2．龙骨种类、规格、中距：U 形轻钢龙骨中距 450×450 3．基层材料种类、规格：基层九夹板，刷防火涂料二遍 4．面层材料品种、规格：面层红榉拼花	m^2	31.65	168.64	5337.56

任务总结

（1）项目特征中必须描述影响工程造价的重要因素。

（2）吊顶天棚的清单工程量计算规则与计价工程量计算规则不同，应注意区分。

（3）吊顶天棚计价工程量计算规则：

1）龙骨：各种吊顶天棚龙骨按主墙间净空面积以平方米计算，不扣除间壁墙、检查洞、附墙烟囱、柱、灯孔、垛和管道所占面积。

2）顶棚饰面：顶棚装饰面积，按主墙间设计面积以平方米计算，不扣除间壁墙、检查口、附墙烟囱、附墙垛和管道所占面积，但应扣除独立柱、灯带、0.3 m^2 以上的灯孔及与天棚相连的窗帘盒所占面积。顶棚中的折线、跌落、拱形、高低灯槽及其他艺术形式顶棚面层均按展开面积计算。

（4）注意装饰工程的山东省指导费率（如企业管理费、利润等）与建筑工程的不同。

笔记

实践训练与评价

1．实践训练

某房间轴线尺寸，长 6 m，宽 3 m，墙厚 240 mm，该房间采用双层木龙骨吊顶，主龙骨采用 40 mm×60 mm，第一根距墙 380 mm 设置，间距为 1 000 mm。木龙骨网片采用 30 mm×40 mm 木方，网格尺寸为 400 mm×400 mm。基层为九夹板，面层贴防火板。试编制清单并报价。将学习成果填入表 3–3–5，任务配分权重见表 3-3-6。

（1）工程量计算过程：

（2）综合单价确定过程：

（3）填写分部分项工程量清单与计价表。

表 3-3-5 分部分项工程量清单与计价表

序号	项目编码	项目名称	项目特征	计量单位	工程量	金额 / 元	
						综合单价	合价
1							

2．任务评价

笔记

表 3-3-6 本任务配分权重表

任务内容		评价指标		配分	得分
分部分项工程量清单编制（50%）	1	套取清单项	吊顶天棚套取工程量清单项目准确、项目编码、项目名称、计量单位准确	20	
	2	清单工程量计算	吊顶天棚清单工程量计算准确	40	
	3	项目特征描述	吊顶天棚项目特征描述准确、全面、无歧义	30	
	4	工作态度	工作认真仔细，一丝不苟	10	
分部分项工程量清单报价（50%）	1	确定工作内容	吊顶天棚确定工作内容准确	15	
	2	计价工程量计算	吊顶天棚计价工程量计算准确	30	
	3	套取定额	吊顶天棚套取定额合理	15	
	4	综合单价计算	吊顶天棚综合单价计算流程准确、报价合理	30	
	5	工作态度	工作认真仔细，一丝不苟	10	

任务 3.4　油漆、涂料、裱糊工程计量与计价

任务目标

1. 熟悉油漆、涂料、裱糊的清单项目；
2. 掌握门窗油漆、墙面刷涂料等分部分项工程量清单的编制步骤；
3. 掌握各分部分项的清单工程量和计价工程量的计算规则；
4. 掌握项目特征的描述要求；
5. 熟练掌握综合单价的确定方法及注意事项；
6. 能够正确描述各分部分项工程的项目特征；
7. 能够准确编制实际工程各分部分项工程量清单；
8. 能够合理确定实际工程各分部分项工程的综合单价和合价。

任务描述

某装饰工程造型木墙裙长为 5.5 m，高为 0.9 m，外挑 0.25 m，如图 3-4-1 所示。面层凸出部分（涂黑部位）刷压光聚酯色漆，其他部位刷聚酯压光清漆，均按透明腻子一遍，底漆一遍，面漆三遍的要求施工。试编制油漆分部分项工程量清单并进行报价。

笔记

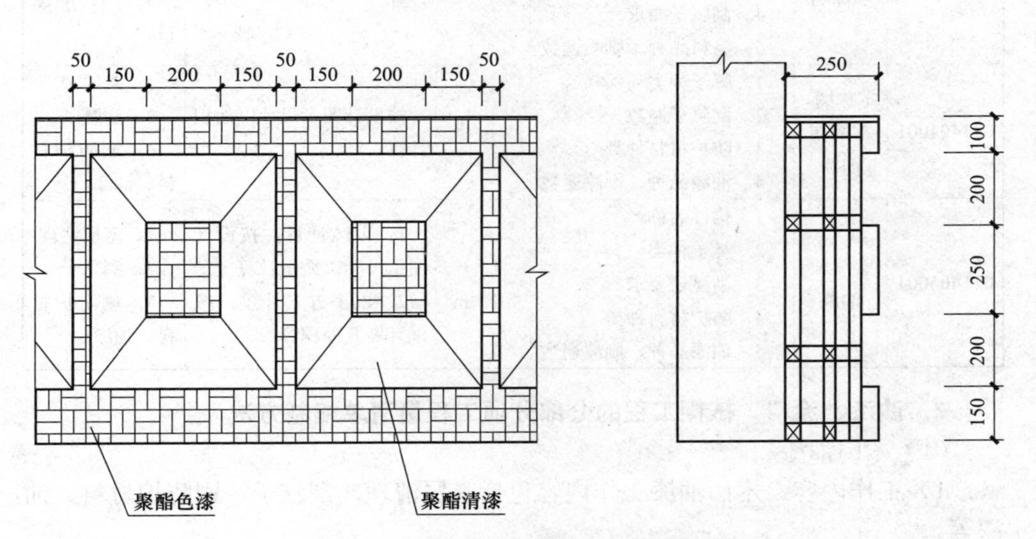

图 3-4-1　某装饰工程造型木墙裙油漆图

3.4.1　学习油漆、涂料、裱糊工程相关知识

1．油漆、涂料、裱糊工程的工程量清单项目设置

油漆、涂料、裱糊工程主要包括门油漆，窗油漆，木扶手及其他板条、线条油漆，木材面油漆，金属面油漆，抹灰面油漆，喷刷，涂料，裱糊等项目。

油漆、涂料、裱糊工程的工程量清单项目设置、项目特征描述的内容、计量单位及工程量计算规则，应分别按“计算规范”表 P.1 ～表 P.8 的规定执行。“计算规范”表 P.1 ～表 P.8 的部分内容见表 3–4–1。

表 3–4–1　油漆、涂料、裱糊工程

项目编码	项目名称	项目特征	计量单位	工程量计算规则	工作内容
011401001	木门油漆	1．门类型 2．门代号及洞口尺寸 3．腻子种类 4．刮腻子遍数 5．防护材料种类 6．油漆品种、刷漆遍数	1．樘 2．m^2	1．以樘计量，按设计图示数量计量 2．以平方米计量，按设计图示洞口尺寸以面积计算	1．基层清理 2．刮腻子 3．刷防护材料、油漆
011407001	墙面刷喷涂料	1．基层类型 2．喷刷涂料部位 3．腻子种类 4．刮腻子要求 5．涂料品种、刷喷遍数	m^2	按设计图示尺寸以面积计算	1．基层清理 2．刮腻子 3．刷、喷涂料
011404001	木护墙、木墙裙油漆	1．腻子种类 2．刮腻子遍数 3．防护材料种类 4．油漆品种、刷漆遍数	m^2	按设计图示尺寸以面积计算	1．基层清理 2．刮腻子 3．刷防护材料、油漆
011405001	金属面油漆	1．构件名称 2．腻子种类 3．刮腻子要求 4．防护材料种类 5．油漆品种、刷漆遍数	1．t 2．m^2	1．以吨计量，按设计图示尺寸以质量计算 2．以平方米计量，按设计展开面积算	1．基层清理 2．刮腻子 3．刷防护材料、油漆

2．油漆、涂料、裱糊工程的分部分项工程量清单编制方法

（1）木门油漆。

1）工作内容。木门油漆工作内容包括基层清理，刮腻子，刷防护材料、油漆等。

2）项目特征。木门油漆的项目特征如下：

①门类型；

②门代号及洞口尺寸；

③腻子种类；

④刮腻子遍数；

⑤防护材料种类；

⑥油漆品种、刷漆遍数。

3）计算规则。木门油漆项目工程量以“樘”计算或按面积计算。

①以樘计量，按设计图示数量计量；

②以平方米计量，按设计图示洞口尺寸以面积计算。

4）有关说明。木门油漆应区分木门、单层木门、双层（一玻一纱）木门、双层（单裁口）木门、全玻自由门、半玻自由门、装饰门及有框门或无框门等项目，分别编码列项。

（2）金属门油漆。

1）工作内容。金属门油漆工作内容包括除锈、基层清理，刮腻子，刷防护材料、油漆等。

2）项目特征。同木门油漆。

3）计算规则。同木门油漆。

4）有关说明。

①金属门油漆应区分平开门、推拉门、钢制防火门等项目，分别编码列项。

②以平方米计量，项目特征可不必描述洞口尺寸。

（3）木窗油漆。

1）工作内容。木窗油漆主要工作内容包括基层清理，刮腻子，刷防护材料、油漆等。

2）项目特征。木窗油漆项目特征如下：

①窗类型；

②窗代号及洞口尺寸；

③腻子种类；

④刮腻子遍数；

⑤防护材料种类；

⑥油漆品种、刷漆遍数。

3）计算规则。木窗油漆项目工程量按设计图示数量以“樘”为单位计算或按设计洞口尺寸以面积计算。

①以樘计量，按设计图示数量计量；

②以平方米计量，按设计图示洞口尺寸以面积计算。

4）有关说明。木窗油漆应区分单层木窗、双层（一玻一纱）木窗、双层框扇（单裁口）木窗、双层框三层（二玻一纱）木窗、单层组合窗、双层组合窗、木百叶窗、木推拉窗等项目，分别编码列项。

（4）金属窗油漆。

1）工作内容。金属窗油漆主要工作内容包括除锈、基层清理，刮腻子，刷防护材料、油漆等。

2）项目特征。同木窗油漆。

3）计算规则。同木窗油漆。

笔记

4）有关说明。

①金属窗油漆应区分平开窗、推拉窗、固定窗、组合窗、金属格栅窗等项目，分别编码列项。

②以平方米计量，项目特征可不必描述洞口尺寸。

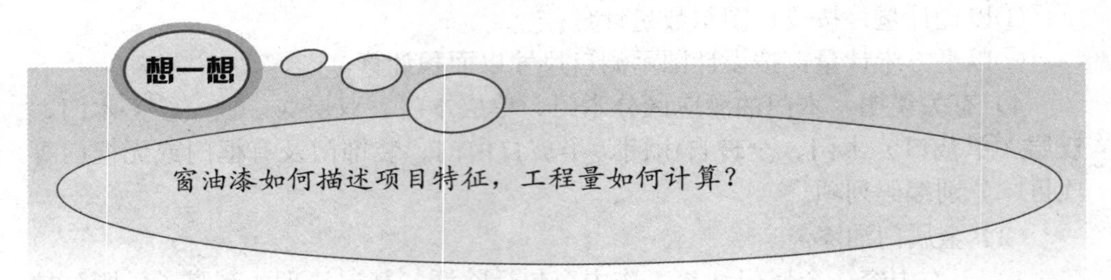

（5）木扶手油漆。

1）工作内容。木扶手油漆的工作内容主要包括基层清理，刮腻子，刷防护材料、油漆等。

2）项目特征。木扶手油漆的项目特征包括以下几项：

①断面尺寸；

②腻子种类；

③刮腻子遍数；

④防护材料种类；

⑤油漆品种、刷漆遍数。

3）计算规则。木扶手油漆工程量按设计图示尺寸以长度计算。

4）有关说明。木扶手油漆应区分带托板不带托板，分别编码列项。

（6）墙纸裱糊。

1）工作内容。墙纸裱糊的工作内容包括基层清理，刮腻子，面层铺粘，刷防护材料。

2）项目特征。墙纸裱糊项目特征包括以下几项：

①基层类型；

②裱糊部位；

③腻子种类；

④刮腻子遍数；

⑤粘结材料种类；

⑥防护材料种类；

⑦面层材料品种、规格、颜色。

3）计算规则。墙纸裱糊工程量按设计图示尺寸以面积计算。

4）有关说明。墙纸裱糊应注意对花与不对花的要求。

做一做

某工程室内装饰图如图 3-4-2 所示，地面刷过氯乙烯涂料，三合板木墙裙上润油粉，刷硝基清漆六遍，墙面、顶棚刷乳胶漆三遍（光面）。试编制木墙裙油漆分部分项工程量清单，将编制结果填入表 3-4-2。

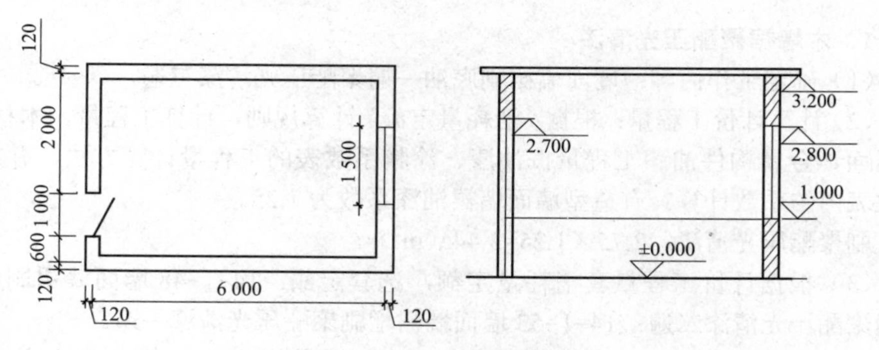

图 3-4-2　某工程室内装饰图

表 3-4-2　分部分项工程量清单与计价表

项目编码	项目名称	项目特征	计量单位	工程量	金额 / 元	
					综合单价	合价

3.4.2　木墙裙油漆工程量计算

（1）木墙裙油漆工程量计算规则：按设计图示尺寸以面积计算。

（2）木墙裙油漆清单工程量计算：

聚酯压光清漆工程量 =0.5×0.65×10−0.2×0.25×10=2.75（m^2）

聚酯压光色漆工程量 =5.5×0.9−2.75=2.2（m^2）

3.4.3　木墙裙油漆分部分项工程量清单编制

将上述结果及相关内容填入“分部分项工程量清单与计价表”表格，见表 3-4-3。

表 3-4-3　分部分项工程量清单与计价表

项目编码	项目名称	项目特征	计量单位	工程量	金额 / 元	
					综合单价	合价
011404001001	木护墙、木墙裙油漆	1．基层类型：木饰面板，有造型墙裙 2．油漆种类、刷漆要求：聚酯压光清漆，透明腻子一遍，底漆一遍，面漆三遍	m^2	2.75		
011404001002	木护墙、木墙裙油漆	1．基层类型：木饰面板，有造型墙裙 2．油漆种类、刷漆要求：聚酯压光色漆，透明腻子一遍，底漆一遍，面漆三遍	m^2	2.2		

课堂训练答案一
木墙裙油漆

笔记

3.4.4　木墙裙油漆综合单价确定

1．木墙裙聚酯压光清漆

（1）确定工作内容：墙面墙裙刷底油一遍聚酯压光清漆三遍。

（2）计算计价工程量：根据“消耗量定额”计算规则，计算工程量。木材面、金属面、金属构件油漆工程量按油漆、涂料系数表的工程量计算方法，并乘以系数表内的系数计算。有造型墙面墙裙油漆系数为 1.25。

刷聚酯压光清漆：2.75×1.25=3.44（m^2）。

（3）根据计价工程量套消耗量定额，选套定额：14–1–48 墙面墙裙刷底油一遍聚酯压光清漆二遍；14–1–53 墙面墙裙增刷聚酯压光清漆一遍。

（4）套取 2017 年山东省价目表，14–1–48 增值税（一般计税）单价为 267.66 元 /（10 m^2），其中人工费为 180.25 元 /（10 m^2）；14–1–53 增值税（一般计税）单价为 43.41 元 /（10 m^2），其中人工费为 27.81 元 /（10 m^2）。

（5）计算清单项目工、料、机价款：

4–1–48　　3.44×267.66÷10=92.08（元）

其中　　人工费 =3.44×180.25÷10=62.01（元）

4–1–53　　3.44×43.41÷10=14.93（元）

其中　　人工费 =3.44×27.81÷10=9.57（元）

工、料、机价款合计 =92.08+14.93=107.01（元）

其中　　人工费合计 =62.01+9.57=71.58（元）

（6）确定管理费费率、利润率分别为 32.2%、17.3%。

（7）合价：

合价 =107.01+71.58×（32.2%+17.3%）=142.44（元）

（8）综合单价：

综合单价 = 合价 ÷ 工程量 =142.44÷2.75=51.80（元）

2．木墙裙聚酯压光色漆

（1）确定工作内容：墙面墙裙刷底油一遍聚酯压光色漆三遍。

（2）计算计价工程量：根据“消耗量定额”计算规则，计算工程量。木材面、金属面、金属构件油漆工程量按油漆、涂料系数表的工程量计算方法，并乘以系数表内的系数计算。有造型墙面墙裙油漆系数为 1.25。

刷聚酯压光色漆：2.20×1.25=2.75（m^2）。

（3）根据计价工程量套消耗量定额，选套定额：14–1–58 墙面墙裙刷底油一遍聚酯压光色漆二遍；14–1–63 墙面墙裙增刷聚酯压光色漆一遍。

（4）套取 2017 年山东省价目表，14–1–58 增值税（一般计税）单价为 273.51 元 /（10 m^2），其中人工费为 191.58 元 /（10 m^2）；14–1–63 增值税（一般计税）单价为 43.56 元 /（10 m^2），其中人工费为 28.84 元 /（10 m^2）；

（5）计算清单项目工、料、机价款：

14–1–28　　2.75×273.51÷10=75.22（元）

其中　　人工费 =2.75×191.58÷10=52.68（元）

14–1–63　　2.75×43.56÷10=11.98（元）

其中　　　　　　　人工费 =2.75×28.84÷10=7.93（元）

工、料、机价款合计 =75.22+11.98=87.20（元）

其中　　　　　　　人工费合计 =52.68+7.93=60.61（元）

（6）确定管理费费率、利润率分别为 32.2%、17.3%。

（7）合价：

合价 =87.20+60.61×（32.2%+17.3%）=117.20（元）

（8）综合单价：

综合单价 = 合价 ÷ 工程量 =117.20÷2.2=53.27（元）

将以上结果填入表 3-4-4。

表 3-4-4　分部分项工程量清单与计价表

项目编码	项目名称	项目特征	计量单位	工程量	金额 / 元	
					综合单价	合价
011404001001	木护墙、木墙裙油漆	1．基层类型：木饰面板，有造型墙裙 2．油漆种类、刷漆要求：聚酯压光清漆，透明腻子一遍，底漆一遍，面漆三遍	m^2	2.75	51.80	142.44
011404001002	木护墙、木墙裙油漆	1．基层类型：木饰面板，有造型墙裙 2．油漆种类、刷漆要求：聚酯压光色漆，透明腻子一遍，底漆一遍，面漆三遍	m^2	2.2	53.27	117.20

任务总结

（1）项目特征应描述影响工程造价的重要因素。

（2）木墙裙油漆的清单工程量计算规则与计价工程量计算规则不同，应注意区分。

（3）木墙裙油漆计价工程量计算规则：木材面、金属面、金属构件油漆工程量按油漆、涂料系数表的工程量计算方法，并乘以系数表内的系数计算。油漆系数见表 3-4-5。

表 3-4-5　墙面墙裙油漆工程量系数表

项目名称	系数	工程量计算方法
无造型墙面墙裙	1	按设计图示尺寸以面积计算
有造型墙面墙裙	1.25	

（4）油漆按不同种类划分定额子目，报价时注意油漆种类和遍数。

（5）注意装饰工程的省指导费率（如企业管理费、利润等）与建筑工程的不同。

笔记

实践训练与评价

1．实践训练

计算附录中“1号办公楼”工程首层办公室内墙面乳胶漆工程量，墙面做法：抹灰面刮成品腻子二遍面罩乳胶漆一底两面。以小组为单位，编制墙面乳胶漆分部分项工程量清单并进行报价。将学习成果填入表3-4-6，任务配分权重见表3-4-7。

实践训练答案—墙面乳胶漆

（1）工程量计算过程：

（2）综合单价确定过程：

（3）填写分部分项工程量清单与计价表。

表3-4-6　分部分项工程量清单与计价表

序号	项目编码	项目名称	项目特征	计量单位	工程量	金额/元	
						综合单价	合价
1							

2．任务评价

表3-4-7　本任务配分权重表

任务内容			评价指标	配分	得分
分部分项工程量清单编制（50%）	1	套取清单项	墙面乳胶漆套取工程量清单项目准确、项目编码、项目名称、计量单位准确	20	
	2	清单工程量计算	墙面乳胶漆清单工程量计算准确	40	
	3	项目特征描述	墙面乳胶漆项目特征描述准确、全面、无歧义	20	
	4	工作态度	工作认真仔细，一丝不苟	10	
	5	团队合作	团队成员互帮互助，配合默契	10	

续表

任务内容	评价指标			配分	得分
分部分项工程量清单报价（50%）	1	确定工作内容	墙面乳胶漆确定工作内容准确	15	
	2	计价工程量计算	墙面乳胶漆计价工程量计算准确	30	
	3	套取定额	墙面乳胶漆套取定额合理	15	
	4	综合单价计算	墙面乳胶漆综合单价计算流程准确、报价合理	20	
	5	工作态度	工作认真仔细，一丝不苟	10	
	6	团队合作	团队成员互帮互助，配合默契	10	

任务 3.5　其他工程计量与计价

笔记

任务目标

1．掌握货架、装饰线、扶手、栏杆、栏板、浴厕配件、招牌、美术字等分部分项工程量清单的编制流程；

2．掌握各分部分项的清单工程量和计价工程量的计算规则；

3．掌握项目特征的描述要求；

4．熟练掌握综合单价的确定方法及注意事项；

5．能够正确描述实际工程各分部分项工程的项目特征；

6．能够准确编制实际工程各分部分项工程量清单；

7．能够合理确定实际工程各分部分项工程的综合单价和合价。

任务描述

某住宅楼卧室内木壁柜共 10 个，木壁柜高为 2.4 m，宽为 1.2 m，深为 0.6 m。如图 3-5-1 所示，壁柜做法：木龙骨 30×30@300，围板为九夹板，面层贴壁纸，壁柜门为推拉门，基层细木工板外贴红榉板（双面贴）。木龙骨及九夹板刷防火涂料两遍。柜内分三层，隔板两块 500 mm×1 200 mm 细木工板 18 mm 厚，双面贴壁纸。编制分部分项工程量清单并报价。

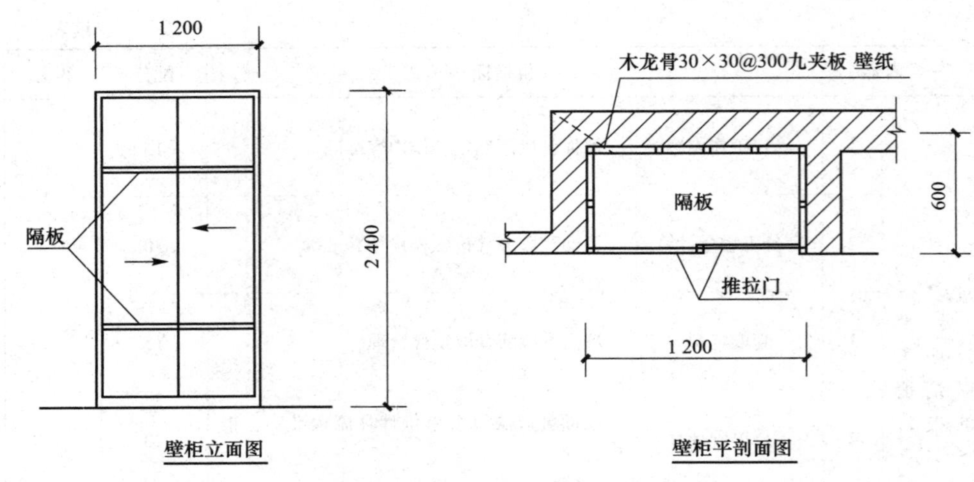

图 3-5-1 木壁柜立面、剖面图

任务实施

3.5.1 学习其他工程相关知识

1．其他工程的工程量清单项目设置

其他工程主要包括柜类、货架，压条、装饰线，扶手、栏杆、栏板装饰，暖气罩，浴厕配件，雨篷、旗杆，招牌，灯具，美术字。

其他工程的工程量清单项目设置、项目特征描述的内容、计量单位及工程量计算规则，应分别按“计算规范”表 Q.1 ～表 Q.8 的规定执行。“计算规范”表 Q.1 ～表 Q.8 的部分内容见表 3-5-1。

表 3-5-1 其他工程

项目编码	项目名称	项目特征	计量单位	工程量计算规则	工作内容
011501008	木壁柜	1．台柜规格 2．材料种类、规格 3．五金种类、规格 4．防护材料种类 5．油漆品种、刷漆遍数	1．个 2．m 3．m^3	1．以个计量，按设计图示数量计量 2．以米计量，按设计图示尺寸以延长米计算 3．以立方米计量，按设计图示尺寸以体积计算	1．台柜制作、运输、安装（安放） 2．刷防护材料、油漆 3．五金件安装
011502001	金属装饰线	1．基层类型 2．线条材料品种、规格、颜色 3．防护材料种类	m^2	按设计图示尺寸以长度计算	1．线条制作、安装 2．刷防护材料

笔记

续表

项目编码	项目名称	项目特征	计量单位	工程量计算规则	工作内容
011503001	金属扶手、栏杆、栏板	1．扶手材料种类、规格 2．栏杆材料种类、规格 3．栏板材料种类、规格、颜色 4．固定配件种类 5．防护材料种类	m	按设计图示以扶手中心线长度（包括弯头长度）计算	1．制作 2．运输 3．安装 4．刷防护材料
011504001	饰面板暖气罩	1．暖气罩材质 2．防护材料种类	m^2	按设计图示尺寸以垂直投影面积（不展开）计算	1．暖气罩制作、运输、安装 2．刷防护材料
011507001	平面、箱式招牌	1．箱体规格 2．基层材料种类 3．面层材料种类 4．防护材料种类		按设计图示尺寸以正立面边框外围面积计算。复杂形的凸凹造型部分不增加面积	1．基层安装 2．箱体及支架制作、运输、安装 3．面层制作、安装 4．刷防护材料、油漆
011508002	有机玻璃字	1．基层类型 2．镌字材料品种、颜色 3．字体规格 4．固定方式 5．油漆品种、刷漆遍	个	按设计图示数量计算	1．字制作、运输、安装 2．刷油漆

笔记

2．其他工程的分部分项工程量清单编制方法

（1）柜类、货架。柜类货架项目包括柜台、酒柜、衣柜、存包柜、鞋柜、书柜、厨房壁柜、木壁柜、厨房低柜、厨房吊柜、矮柜、吧台背柜、酒吧吊柜、酒吧台、展台、收银台、试衣间、货架、书架、服务台20个清单项目。

1）工作内容。柜类、货架的工作内容包括台柜制作、运输、安装（安放），刷防护材料、油漆，五金件安装。

2）项目特征。柜类、货架的项目特征包括台柜规格；材料种类、规格；五金种类、规格；防护材料种类；油漆品种、刷漆遍数。

3）计算规则。柜类、货架项目工程量以个计量按设计图示数量计量；以米计量，按设计图示尺寸以延长米计算；以立方米计量，按级计图于尺寸以体质计算。

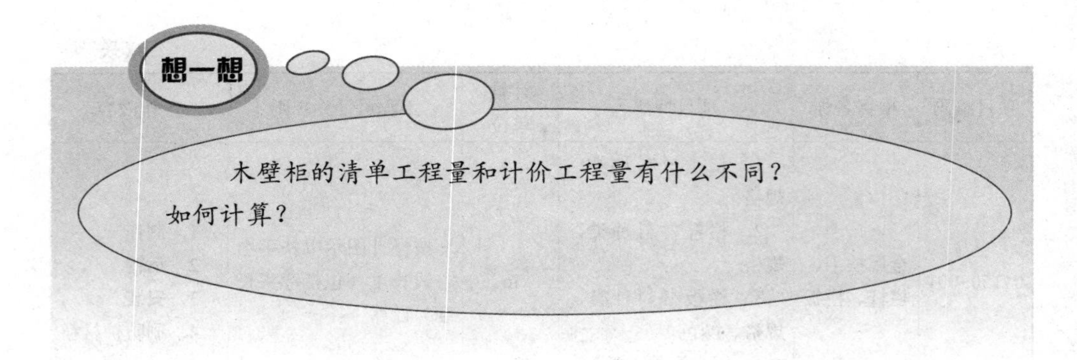

（2）压条、装饰线。压条、装饰线项目包括金属装饰线、木质装饰线、石材装饰线、石膏装饰线、镜面玻璃线、铝塑装饰线、塑料装饰线和GRC装饰线条8个清单项目。

1）工作内容。压条、装饰线的工作内容包括线条制作、安装；刷防护材料。

2）项目特征。金属装饰线、木质装饰线、石材装饰线、石膏装饰线、镜面玻璃线、铝塑装饰线、塑料装饰线的项目特征包括基层类型；线条材料品种、规格、颜色；防护材料种类；GRC装饰线条的项目特征包括：基层类型；线条规格；线条安装部位；填充材料种类。

3）计算规则。压条、装饰线工程量按设计图示尺寸以长度计算。

4）计算实例。

【例3-5-1】 如图3-5-2所示，某工程用φ8钢筋吊筋，装配式U形轻钢龙骨，纸面石膏板天棚面层方格为500 mm×500 mm，天棚与墙交接处采用60 mm×60 mm红松阴角线条，凹凸处阴角采用15 mm×15 mm红松阴角线条，线条均为成品，安装完成后采用清漆油漆两遍。计算木质装饰线工程量。

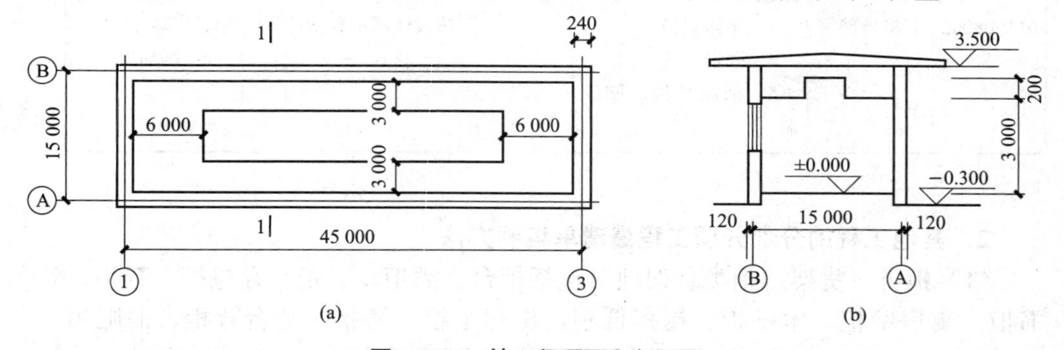

图3-5-2 某工程顶面和剖面图

【解】 木质装饰线1（15 mm×15 mm红松阴角线条）工程量：

$$[(45-0.24-6-6)+(15-0.24-3-3)]\times 2=83.04\text{（m）}$$

木质装饰线2（60 mm×60 mm红松阴角线条）工程量：

$$[(45-0.24)+(15-0.24)]\times 2=119.04\text{（m）}$$

（3）扶手、栏杆、栏板装饰。扶手、栏杆、栏板装饰项目包括金属扶手、栏杆、栏板，硬木扶手、栏杆、栏板，塑料扶手、栏杆、栏板，GRC栏杆、扶手，金属靠墙扶手、硬木靠墙扶手、塑料靠墙扶手和玻璃栏板8个清单项目。

栏杆扶手如图 3-5-3 所示。

1）工作内容。扶手、栏杆、栏板装饰的工作内容包括：制作；运输；安装；刷防护材料。

2）项目特征。

①金属扶手、栏杆、栏板，硬木扶手、栏杆、栏板，塑料扶手、栏杆、栏板的项目特征包括扶手材料种类、规格；栏杆材料种类、规格；栏板材料种类、规格、颜色；固定配件种类；防护材料种类。

图 3-5-3 栏杆扶手

② GRC 栏杆，扶手的项目特征包括：栏杆的规格；安装间距；扶手类型规格；填充材料种类。

③金属靠墙扶手、硬木靠墙扶手、塑料靠墙扶手的项目特征包括：扶手材料种类、规格、品牌；固定配件种类；防护材料种类。

④玻璃栏板的项目特征包括栏杆玻璃的种类、规格、颜色；固定方式；固定配件种类。

3）计算规则。扶手、栏杆、栏板装饰项目工程量按设计图示以扶手中心线长度（包括弯头长度）计算。

（4）暖气罩。暖气罩项目包括饰面板暖气罩、塑料板暖气罩、金属暖气罩 3 个清单项目。

1）工作内容。暖气罩的工作内容包括暖气罩制作、运输、安装；刷防护材料、油漆。

2）项目特征。暖气罩的项目特征包括暖气罩材质；防护材料种类。

3）计算规则。暖气罩工程量按设计图示尺寸以垂直投影面积（不展开）计算。

（5）浴厕配件。浴厕配件项目包括洗漱台、晒衣架、帘子杆、浴缸拉手、卫生间扶手、毛巾杆（架）、毛巾环、卫生纸盒、肥皂盒、镜面玻璃、镜箱 11 个清单项目。

1）工作内容。

①洗漱台、晒衣架、帘子杆、浴缸拉手、卫生间扶手的工作内容包括台面及支架运输、安装；杆、环、盒、配件安装；刷油漆。

②毛巾杆（架）、毛巾环、卫生纸盒、肥皂盒的工作内容包括台面及支架制作、运输、安装；杆、环、盒、配件安装；刷油漆。

③镜面玻璃的工作内容包括基层安装；玻璃及框制作、运输、安装。

④镜箱的工作内容包括基层安装；箱体制作、运输、安装；玻璃安装；刷防护材料、油漆。

2）项目特征。

①洗漱台、晒衣架、帘子杆、浴缸拉手、卫生间扶手、毛巾杆（架）、毛巾环、卫生纸盒、肥皂盒的项目特征包括材料品种、规格、颜色；支架、配件品种、规格。

②镜面玻璃的项目特征包括镜面玻璃品种、规格；框材质、断面尺寸；基层材料种类；防护材料种类。

③镜箱的项目特征包括箱体材质、规格；玻璃品种、规格；基层材料种类；防护材料种类；油漆品种、刷漆遍数。

3）计算规则。

①洗漱台工程量按设计图示尺寸以台面外接矩形面积计算。不扣除孔洞、挖弯、削角所占面积，挡板、吊沿板面积并入台面面积。或按设计图示数量计算。

②晒衣架、帘子杆、浴缸拉手、卫生间扶手、毛巾杆（架）、毛巾环、卫生纸盒、肥皂盒和镜箱工程量按设计图示数量计算。

③镜面玻璃工程量按设计图示尺寸以边框外围面积计算。

大理石洗漱台如图 3-5-4 所示。

图 3-5-4　大理石洗漱台

（6）雨篷、旗杆。雨篷旗杆项目包括雨篷吊挂饰面、金属旗杆、玻璃雨篷 3 个清单项目。

1）工作内容。

笔记

①雨篷吊挂饰面的工作内容包括底层抹灰；龙骨基层安装；面层安装；刷防护材料、油漆。

②金属旗杆的工作内容包括土石挖、填、运；基础混凝土浇筑；旗杆制作、安装；旗杆台座制作、饰面。

③玻璃雨篷的工作内容包括龙骨基层安装；面层安装；刷防护材料、油漆。

2）项目特征。

①雨篷吊挂饰面：基层类型；龙骨材料种类、规格、中距；面层材料品种、规格；吊顶（天棚）材料品种、规格；嵌缝材料种类；防护材料种类。

②金属旗杆：旗杆材料、种类、规格；旗杆高度；基础材料种类；基座材料种类；基座面层材料、种类、规格。

③玻璃雨篷：玻璃雨篷固定方式；龙骨材料种类、规格、中距；玻璃材料品种、规格；嵌缝材料种类；防护材料种类。

3）计算规则。雨篷吊挂饰面和玻璃雨篷工程量按设计图示尺寸以水平投影面积计算；金属旗杆工程量按设计图示数量计算。

（7）招牌、灯箱。招牌、灯箱项目包括平面、箱式招牌，竖式标箱，灯箱和信报箱 3 个清单项目。

1）工作内容。招牌、灯箱的工作内容包括基层安装；箱体及支架制作、运输、安装；面层制作、安装；刷防护材料、油漆。

2）项目特征。

①平面、箱式招牌，竖式标箱、灯箱的项目特征包括箱体规格；基层材料种类；面层材料种类；防护材料种类。

②信报箱的项目特征包括箱体规格；基层材料种类；面层材料种类；保护材料种类；户数。

3）计算规则。平面、箱式招牌工程量按设计图示尺寸以正立面边框外围面积计算，复杂形的凹凸造型部分不增加面积；竖式标箱、灯箱和信报箱工程量按设计图示数量计算。

（8）美术字。美术字项目包括泡沫塑料字、有机玻璃字、木质字、金属字和吸塑字 5 个清单项目。

1）工作内容。美术字的工作内容包括字制作、运输、安装；刷油漆。

2）项目特征。美术字的项目特征包括基层类型；镌字材料品种、颜色；字体规格；固定方式；油漆品种、刷漆遍数。

3）计算规则。美术字项目工程量按设计图示数量计算。

3.5.2 木壁柜工程量计算

1．木壁柜工程量计算规则

（1）以个计量，按设计图示数量计量；

（2）以米计量，按设计图示尺寸以延长米计算；

（3）以立方米计量，按设计图示尺寸以体积计算。

2．木壁柜工程量

任务描述中木壁柜工程量 =10 个。

根据计算规范规定，木壁柜也可按长度或体积计算。如按体积计算，则工程量 $=1.2\times0.6\times2.4=1.728$（$m^3$），本任务中选其中一种编制方法，按个数计算。

笔记

3.5.3 木壁柜分部分项工程量清单编制

将上述结果及相关内容填入“分部分项工程量清单与计价表”表格，见表 3-5-2。

表 3-5-2 分部分项工程量清单与计价表

项目编码	项目名称	项目特征	计量单位	工程量	金额 / 元	
					综合单价	合价
011501008001	木壁柜	1．柜的规格： 2．400 mm×1 200 mm×600 mm 2．材料种类规格： 骨架为木龙骨，围板为九夹板，隔板为细木工板 18 mm 厚，面层为壁纸 3．柜门材料种类： 柜门基层为细木工板 18 mm 厚，柜门面层为红榉板（双面）	个	10		

3.5.4 木壁柜综合单价确定

（1）确定工作内容：骨架、围板、隔板、面层及柜门的制作、安装，五金件安装、木板、木方刷防火涂料。

（2）计算计价工程量：

根据“消耗量定额”计算规则，计算工程量。

橱柜木龙骨项目，按橱柜龙骨的实际面积计算。基层板、造型层板及饰面板，按实铺面积计算。木材面刷防火涂料，按所刷木材面的面积计算工程量；木方面刷防火涂料，按木方所附墙、板面的投影面积计算工程量。

计算木壁柜计价工程量：计算一个柜的工程量。

1）木骨架：

正立面　　　$1.2\times2.4=2.88$（m^2）

两侧　　　$0.6\times2.4\times2=2.88$（m^2）

上下　　　$1.2\times0.6\times2=1.44$（m^2）

小计　　　7.20 m^2

2）围板九夹板：

两侧　　　$0.57\times2.34\times2=2.67$（$m^2$）

正立面　　　$1.14\times2.34=2.67$（m^2）

上下　　　$1.14\times0.57\times2=1.30$（$m^2$）

小计　　　6.64 m^2

3）隔板细木工板：$0.50\times1.2\times2=1.2$（m^2）

4）面层贴壁纸：围板上 6.64 m^2

隔板上 $1.2\times2=2.4$（m^2）

小计 9.04 m^2

5）柜门基层细木工板：$0.6\times2.4\times2=2.88$（m^2）

6）外贴红榉板：$2.88\times2=5.76$（m^2）

7）木板刷防火涂料二遍：6.64 m^2

8）木方刷防火涂料二遍：6.64 m^2

9）五金件：推拉门滑轨 1 套

橱门拉手 2 个

（3）根据计价工程量套消耗量定额，选套定额：

1）木橱、壁橱、吊橱（柜）骨架制作安装：15-1-1；

2）骨架围板及隔板制作安装 胶合板：15-1-2（五合板换九夹板）；

3）骨架围板及隔板制作安装 细木工：15-1-5；

4）橱柜基层板上贴面层 墙纸：15-1-7；

5）柜门基层细木工板：15-1-5；

6）橱柜基层板上贴面层 装饰木夹板：15-1-6；

7）木板刷防火涂料两遍：14-1-112；

8）木方刷防火涂料两遍：14-1-113；

9）木橱柜五金件安装 推拉门滑轨：15-1-22；

10）木橱柜五金件安装 橱门拉手：15-1-23。

（4）套取 2017 年山东省价目表，15-1-1 增值税（一般计税）单价为 296.34 元 /（10 m^2），其中人工费为 78.28 元 /（10 m^2）；15-1-2 增值税（一般计

税）单价为 302.51 元 /（10 m^2），其中人工费为 72.10 元 /（10 m^2）；15-1-5 增值税（一般计税）单价为 552.62 元 /（10 m^2），其中人工费为 88.58 元 /（10 m^2）；15-1-7 增值税（一般计税）单价为 324.82 元 /（10 m^2），其中人工费为 142.14 元 /（10 m^2）；15-1-6 增值税（一般计税）单价为 371.50 元 /（10 m^2），其中人工费为 66.95 元 /（10 m^2）；14-1-112 增值税（一般计税）单价为 324.82 元 /（10 m^2），其中人工费为 142.14 元 /（10 m^2）；14-1-113 增值税（一般计税）单价为 189.37 元 /（10 m^2），其中人工费为 97.85 元 /（10 m^2）；15-1-22 增值税（一般计税）单价为 107.36 元 /（10 套），其中人工费为 47.38 元 /（10 套）；15-1-23 增值税（一般计税）单价为 49.41 元 /（10 个），其中人工费为 11.33 元 /（10 个）。

15-1-2 五合板换成九夹板后定额单价 =302.51+10.5 000×（28.21-17.09）
=419.27（元）

（5）计算清单项目工、料、机价款：

木骨架 7.2×10×296.34÷10=2 133.65（元）
其中 人工费 =7.2×10×78.28÷10=563.62（元）
围板九夹板 6.64×10×419.27÷10=2 783.95（元）
其中 人工费＝ 6.64×10×72.10÷10=478.74（元）
隔板细木工板 1.2×10×552.62÷10=663.14（元）
其中 人工费 =1.2×10×88.58÷10=106.30（元）
面层贴壁纸 9.04×10×324.82÷10=2 936.37（元）
其中 人工费 =9.04×10×142.14÷10=1 284.95（元）
柜门基层细木工板 2.88×10×552.62÷10=1 591.55（元）
其中 人工费 =2.88×10×88.58÷10=255.11（元）
外贴红榉板 5.76×10×371.50÷10=2 139.84（元）
其中 人工费 =5.76×10×66.95÷10=385.63（元）
木板刷防火涂料两遍 6.64×10×324.82÷10=2 156.80（元）
其中 人工费 =6.64×10×142.14÷10=943.81（元）
木方刷防火涂料两遍 6.64×10×189.37÷10=1 257.42（元）
其中 人工费 =6.64×10×97.85÷10=649.72（元）
推拉门滑轨 1×10×107.36÷10=107.36（元）
其中 人工费 =1×10×47.38÷10=47.38（元）
橱门拉手 2×10×49.41÷10=98.82（元）
其中 人工费 =2×10×11.33÷10=22.66（元）

工、料、机价款合计 =2 133.65+2 783.95+663.14+2 936.37+1 591.55+2 139.84+
2 156.80+1 257.42+107.36+98.82=15 868.90（元）

其中人工费合计 =563.62+478.74+106.30+1 284.95+255.11+385.63+943.81+649.72+
47.38+22.66=4 737.92（元）

（6）确定管理费费率、利润率分别为 32.2%、17.3%。

（7）合价：

笔记

合价 =15 868.90+4 737.92×（32.2%+17.3%）=18 214.17（元）

（8）综合单价：

综合单价 = 合价 ÷ 工程量 =18 214.17÷10=1 821.42（元）

将以上结果填入表 3-5-3。

表 3-5-3　分部分项工程量清单与计价表

项目编码	项目名称	项目特征	计量单位	工程量	金额 / 元	
					综合单价	合价
011501008001	木壁柜	1. 柜的规格：2400mm×1200 mm×600 mm 2. 材料种类规格：骨架为木龙骨，围板为九夹板，隔板为细木工板 18 厚，面层为壁纸 3. 柜门材料种类：柜门基层为细木工板 18 mm 厚，柜门面层为红榉板（双面）	个	10	1 821.42	1 8214.20

任务总结

（1）项目特征应描述影响工程造价的重要因素；

（2）木壁柜的清单工程量计算规则与计价工程量计算规则不同，应注意区分；

（3）因木壁柜围板为九夹板，定额子目中是五夹板，使用时应注意换算；

（4）注意装饰工程的省指导费率（如企业管理费、利润等）与建筑工程的不同。

笔记

实践训练与评价

1．实践训练

实践训练一：平墙式暖气罩，尺寸如图 3-5-5 所示，五合板基层，榉木板面层，机制木花格散热口，共 18 个，编制分部分项工程量清单并报价。

实践训练二：某工程檐口上方设招牌，长 28 m，高 1.5 m，木龙骨，九夹板基层，塑铝板面层，上嵌 8 个 1 m×1 m 有机玻璃面大字，编制招牌分部分项工程量清单并报价（不考虑美术字）。

将学习成果填入表 3-5-4，任务配分权重见表 3-5-5。

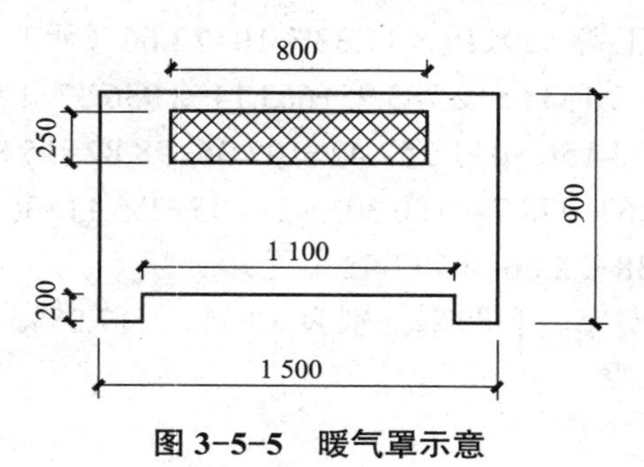

图 3-5-5　暖气罩示意

（1）工程量计算过程：

1）暖气罩：

2）招牌：

实践训练答案一
暖气罩、招牌

（2）综合单价确定过程：

1）暖气罩：

2）招牌：

（3）填写分部分项工程量清单与计价表。

笔记

表 3-5-4　分部分项工程量清单与计价表

序号	项目编码	项目名称	项目特征	计量单位	工程量	金额 / 元	
						综合单价	合价
1							
2							

2．任务评价

表 3-5-5　本任务配分权重表

任务内容		评价指标		配分	得分
分部分项工程量清单编制（50%）	1	套取清单项	暖气罩套取工程量清单项目准确、项目编码、项目名称、计量单位准确	10	
	2		招牌套取工程量清单项目准确、项目编码、项目名称计量单位、准确	10	
	3	清单工程量计算	暖气罩清单工程量计算准确	20	
	4		招牌清单工程量计算准确	20	
	5	项目特征描述	暖气罩项目特征描述准确、全面	15	
	6		招牌项目特征描述准确、全面	15	
	7	工作态度	工作认真仔细，一丝不苟	10	

续表

任务内容		评价指标		配分	得分
分部分项工程量清单报价（50%）	1	确定工作内容	暖气罩确定工作内容准确	7	
	2		招牌确定工作内容准确	8	
	3	计价工程量计算	暖气罩计价工程量计算准确	15	
	4		招牌计价工程量计算准确	15	
	5	套取定额	暖气罩套取定额合理	7	
	6		招牌套取定额合理	8	
	7	综合单价计算	暖气罩综合单价计算流程准确、报价合理	15	
	8		招牌综合单价计算流程准确、报价合理	15	
	9	工作态度	工作认真仔细，一丝不苟	10	

笔记

项目4 措施项目清单编制与计价

项目导读

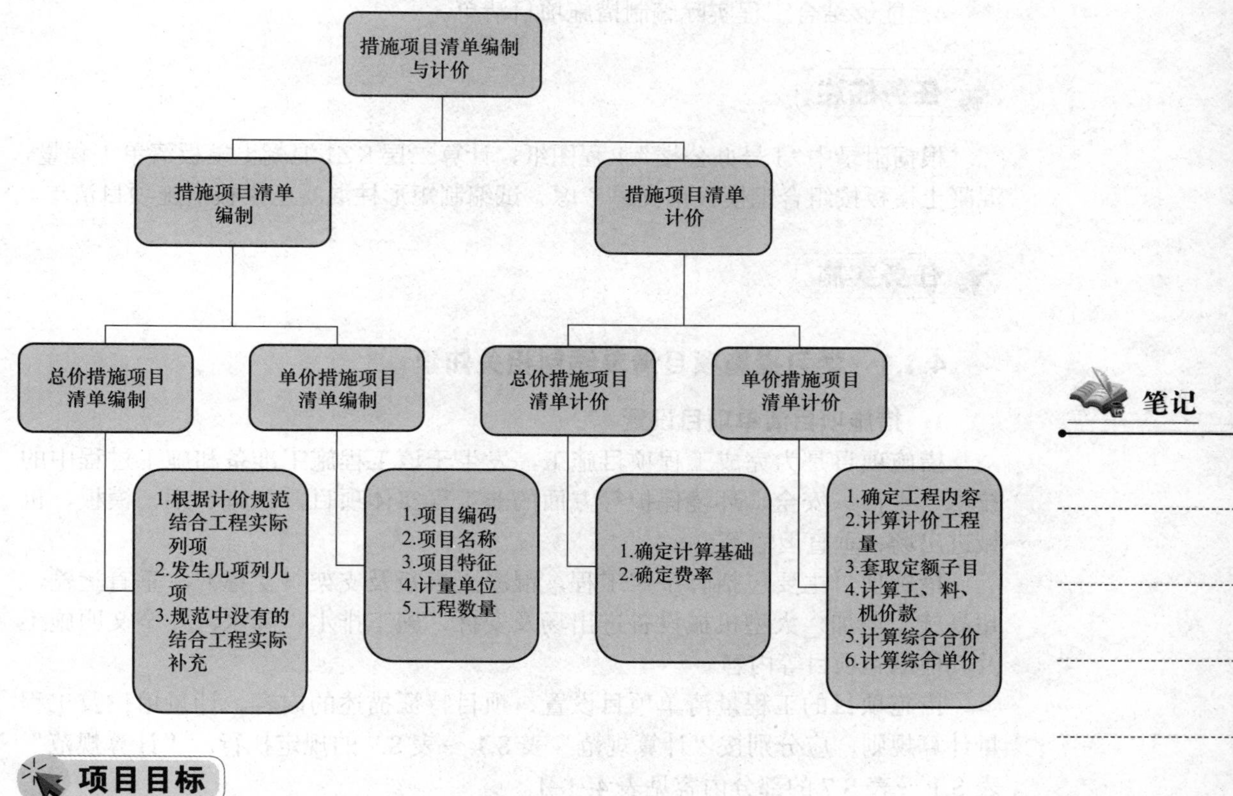

笔记

项目目标

	知识目标	能力目标
项目目标	1. 熟悉措施项目的概念； 2. 掌握总价措施项目清单的编制方法； 3. 掌握单价措施项目清单的编制方法； 4. 掌握措施项目的工作内容及包含范围； 5. 熟练掌握总价措施项目费的确定方法； 6. 熟练掌握单价措施项目综合单价的确定方法及注意事项	1. 能够结合工程实际编制总价措施项目清单； 2. 能够结合工程实际编制单价措施项目清单； 3. 能够选取正确的措施项目，并准确计算措施项目费； 4. 能够合理确定实际工程项目的单价措施费和总价措施费； 5. 能够自觉遵守法律、法规以及技术标准规定； 6. 能够和同学及教学人员建立良好的合作关系

任务 4.1　措施项目清单编制

任务目标

1．熟悉措施项目的概念；
2．掌握总价措施项目清单的编制方法；
3．掌握单价措施项目清单的编制方法；
4．能够结合工程实际编制措施项目清单。

任务描述

根据附录中“1 号办公楼”工程图纸，计算二层 KZ1 混凝土模板清单工程量，混凝土模板按组合钢模板钢支撑考虑。试编制矩形柱混凝土模板措施项目清单。

任务实施

4.1.1　学习措施项目清单编制相关知识

笔记

1．措施项目清单项目设置

措施项目是为完成工程项目施工，发生于该工程施工准备和施工过程中的技术、生活、安全、环境保护等方面的非工程实体项目，如脚手架、模板、机械进出场、垂直运输等。

措施项目主要包括脚手架工程，混凝土模板及支架（支撑），垂直运输，超高施工增加，大型机械设备进出场及安拆、施工排水、降水，安全文明施工及其他措施项目等内容。

措施项目的工程量清单项目设置、项目特征描述的内容、计量单位及工程量计算规则，应分别按“计算规范”表 S.1 ～表 S.7 的规定执行。“计算规范”表 S.1 ～表 S.7 的部分内容见表 4-1-1。

表 4-1-1　措施项目

项目编码	项目名称	项目特征	计量单位	工程量计算规则	工作内容
011701002	外脚手架	1．搭设方式 2．搭设高度 3．脚手架材质	m^2	按所服务对象的垂直投影面积计算	1．场内、场外材料搬运 2．搭、拆脚手架、斜道、上料平台 3．安全网的铺设 4．拆除脚手架后材料的堆放
011701003	里脚手架				

续表

项目编码	项目名称	项目特征	计量单位	工程量计算规则	工作内容
011702002	矩形柱		m^2	按模板与现浇混凝土构件的接触面积计算 1. 现浇钢筋混凝土墙、板单孔面积≤ 0.3 m^2 的孔洞不予扣除，洞侧壁模板也不增加；单孔面积＞ 0.3 m^2 时应予扣除，洞侧壁模板面积并入墙、板工程量内计算 2. 现浇框架分别按梁、板、柱有关规定计算；附墙柱、暗梁、暗柱并入墙内工程量内计算 3. 柱、梁、墙、板相互连接的重叠部分，均不计算模板面积 4. 构造柱按图示外露部分计算模板面积	1. 模板制作 2. 模板安装、拆除、整理堆放及场内外运输 3. 清理模板粘结物及模内杂物、刷隔离剂等
011702006	矩形梁	支撑高度			

2. 计价规范相关规定

“计价规范”中 4.3.1 和 4.3.2 规定如下：

4.3.1 措施项目清单必须根据相关工程现行国家计量规范的规定编制。

该条条文说明：由于现行国家计量规范已将措施项目纳入规范中，因此，本条规定措施项目清单必须根据相关工程现行国家计量规范的规定编制。本条为强制性条文，必须严格执行。

4.3.2 措施项目清单应根据拟建工程的实际情况列项。

该条条文说明：措施项目清单的编制需要考虑多种因素，除工程本身的因素外，还涉及水文、气象、环境、安全等因素。由于影响措施项目设置的因素太多，计量规范不可能将施工中可能出现的措施项目一一列出。在编制措施项目清单时，因工程情况不同，出现计量规范附录中未列的措施项目，可根据工程的具体情况对措施项目清单作补充。

3. 措施项目清单编制方法

微课：措施项目清单编制

计量规范将措施项目划分为两类：一类是不能计算工程量的项目，如文明施工和安全防护、临时设施等，就以“项”计价，称为“总价项目”，见表 4-1-2；另一类是可以计算工程量的项目，如脚手架、降水工程等，就以“量”计价，更有利于措施费的确定和调整，称为“单价项目”，见表 4-1-3。

表 4-1-2　总价措施项目清单与计价表

序号	项目编码	项目名称	计算基础	费率 /%	金额 / 元	调整费率 /%	调整后金额 / 元	备注
		安全文明施工费						
		夜间施工增加费						
		二次搬运费						
		冬雨季施工增加费						
		已完工程及设备保护费						
合计								

表 4-1-3　单价措施项目清单与计价表

序号	项目编码	项目名称	项目特征描述	计量单位	工程量	金额 / 元		
						综合单价	合价	其中暂估价
本页小计								
合计								

总价措施项目清单根据“计价规范”和工程实际列出所发生的措施项目，填写表格总价措施项目清单与计价表；单价措施项目清单的编制方法同分部分项工程量清单的编制方法。

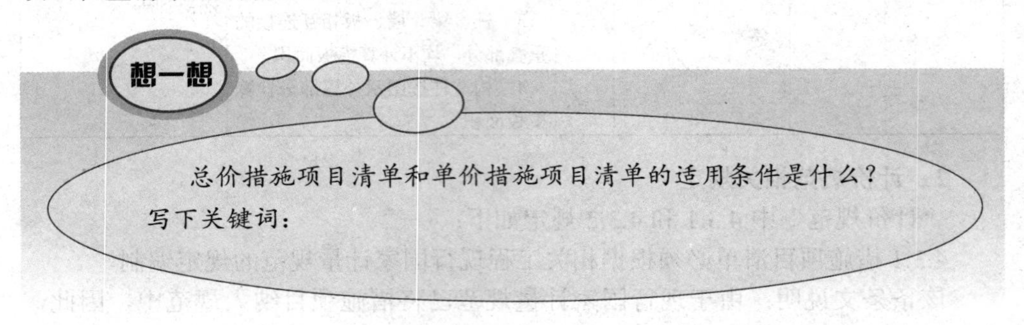

做一做

某顶棚抹灰，尺寸如图 4-1-1 所示，搭设钢管满堂脚手架。试编制满堂脚手架措施项目清单，将编制结果填入表 4-1-4。

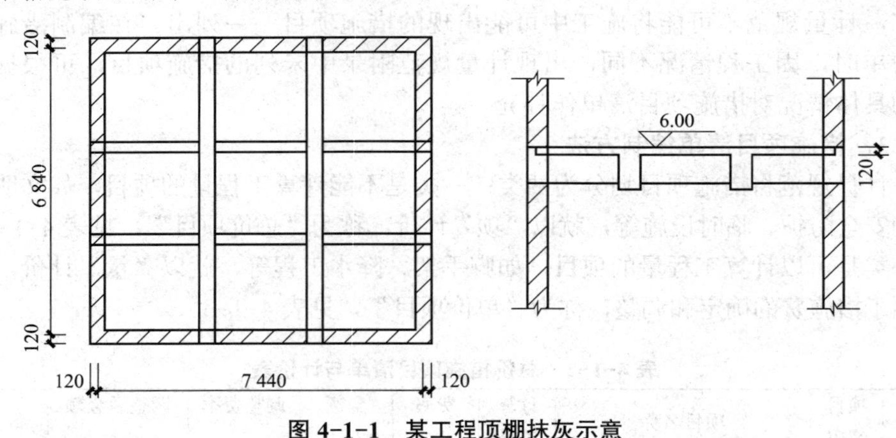

图 4-1-1　某工程顶棚抹灰示意

编制过程

编制成果

表 4-1-4　单价措施项目清单与计价表

项目编码	项目名称	项目特征	计量单位	工程量	金额 / 元	
					综合单价	合价

问题分析

4.1.2　混凝土模板措施项目清单编制

任务描述中矩形柱混凝土模板措施项目清单的编制：

根据“计算规范”表 S.2 混凝土模板及支架（撑）可知，项目编码：011702002；项目名称：矩形柱混凝土模板及支撑；项目特征：组合钢模板钢支撑。

工程量计算规则：按模板与现浇混凝土构件的接触面积计算。

$$工程量 =（0.7+0.6）×2×3.6×20=187.20（m^2）$$

将上述结果及相关内容填入“措施项目清单”表格，见表 4-1-5。

表 4-1-5　单价措施项目清单

项目编码	项目名称	项目特征	计量单位	工程量
011702002001	矩形柱混凝土模板及支撑	组合钢模板钢支撑	m^2	187.20

任务总结

（1）措施项目分为两类：一类是不能计算工程量的项目，以“项”计价，称为“总价项目”；另一类是可以计算工程量的项目，以“量”计价，称为“单价项目”。措施项目清单包括总价措施项目清单和单价措施项目清单。

（2）混凝土模板及支撑（架）项目，只适用以平方米计量，按模板与混凝土构件的接触面积计算。以立方米计量的模板及支撑（支架），按混凝土及钢筋混凝土实体项目执行，其综合单价中应包含模板及支撑（支架）。

（3）采用清水模板时，应在特征中注明。

（4）若现浇混凝土梁、板支撑高度超过 3.6 m 时，项目特征应描述支撑高度。

笔记

实践训练与评价

1．实践训练

根据附录中“1 号办公楼”施工图纸及“计算规范”，以小组为单位，编制二层 KZ1 脚手架措施项目清单。

将学习成果填入表 4-1-6，任务配分权重见表 4-1-7。

（1）工程量计算过程：

实践训练答案—柱脚手架

（2）单价措施项目清单编制：

（3）填写单价措施项目清单与计价表。

笔记

表 4-1-6　单价措施项目清单与计价表

序号	项目编码	项目名称	项目特征	计量单位	工程量	金额 / 元	
						综合单价	合价
1							
2							

2．任务评价

表 4-1-7　本任务配分权重表

任务内容		评价指标		配分	得分
单价措施项目清单编制（100%）	1	套取措施清单项目	套取工程量清单项目准确、项目编码、项目名称、计量单位准确	20	
	2	工程量计算	脚手架清单工程量计算准确	30	
	3	项目特征描述	脚手架项目特征描述准确、全面、无歧义	20	
	4	工作态度	工作认真严谨，一丝不苟	15	
	5	团队合作	团队成员互帮互助，配合默契	15	

任务 4.2　措施项目计价

任务目标

1．掌握措施项目的工作内容及包含范围；
2．熟练掌握总价措施项目费的确定方法；
3．熟练掌握单价措施项目综合单价的确定方法及注意事项；
4．能够选取正确的措施项目，并准确计算措施项目费；
5．能够合理确定实际工程项目的单价措施费和总价措施费。

任务描述

根据附录中“1 号办公楼”工程图纸和上节任务中编制的二层 KZ1 混凝土模板措施项目清单（表 4-1-5）计算措施项目费。

任务实施

4.2.1　学习相关知识

1．措施项目费计算方法

措施项目费的计算方法一般有以下几种：

（1）定额分析法。定额分析法是指凡是可以套用定额的项目，通过先计算工程量，然后套用定额分析出工料机消耗量，最后根据各项单价和费率计算出措施项目费的方法。例如，脚手架搭接拆费可以根据施工图计算出搭设的工程量，然后套用定额，选定单价和费率，计算出除规费和税金外的全部费用。

微课：措施项目清单计价方法

（2）系数计算法。系数计算法是采用与措施项目有直接关系的分部分项清单项目费为计算基础，乘以措施项目费系数，计算措施项目费。例如，临时设施费可以按分部分项清单项目费乘以选定的系数计算出该项目费用。计算措施项目费的各项系数是根据已完工程的统计资料，通过分析计算得到的。

（3）方案分析法。方案分析法是通过编制具体措施实施方案，对方案所涉及的各项费用进行分析计算后，汇总成某个措施项目费。

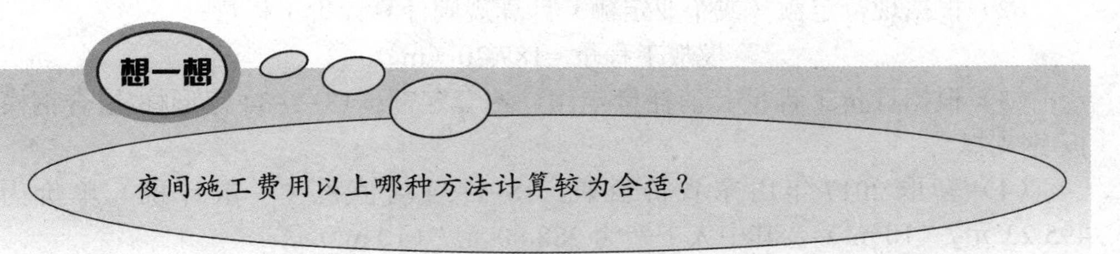

2．措施项目计价应用实例

某建筑工程分部分项工程费为 100 万元，其中省价人工费为 20 万元。试根据山东省有关规定及指导费率，计算出夜间施工增加费、二次搬运费。

【**解**】根据山东省工程量清单计价计算程序：

总价措施费 = ∑［（JQ1× 分部分项工程量）× 措施费费率 +（JQ1× 分部分项工程量）× 省发措施费费率 ×H×（管理费费率 + 利润率）］

［JQ1 为分部分项工程每计量单位的省价人工费之和；H 为总价措施费中人工费含量（%）］

建筑工程一般计税法下夜间施工增加费、二次搬运费的费率分别为 2.55%、2.18%；夜间施工增加费、二次搬运费中人工费的含量均为 25%。

夜间施工增加费 =200 000×2.55%（该项措施费费率可根据企业情况自主确定）+ 200 000×2.55%（该项措施费费率必须是省里发布的指导费率）× 25%×（25.6+15%）=5 100+517.65=5 617.65（元）

二次搬运费 =200 000×2.18%+200 000×2.18%×25%×（25.6+15%）=4 360+ 442.54=4 802.54（元）

根据措施项目计价应用实例中夜间施工增加费、二次搬运费的计算方法，计算出冬雨期施工增加费是多少？

计算结果

课堂训练答案—冬雨期施工增加费

问题分析

4.2.2　确定措施项目费

任务描述中矩形柱混凝土模板措施项目费的确定：

（1）该项目发生的工程内容：模板制作、安拆、运输等。

（2）根据现行定额（或企业定额）计算规则计算计价工程量：

$$模板工程量 =187.20（m^2）$$

（3）根据计价工程量套消耗量定额，选套定额：18-1-34 矩形柱 组合钢模板 钢支撑。

（4）套取 2017 年山东省价目表，18-1-34 增值税（一般计税）单价为 495.23 元 /（10 m^2），其中人工费为 288.80 元 /（10 m^2）。

（5）计算清单项目工、料、机价款：

$$187.20 \div 10 \times 495.23 = 9\ 270.71\text{（元）}$$

其中 人工费 =187.20÷10×288.80=5 406.34（元）

（6）确定管理费费率、利润率分别为 25.6%、15%。

（7）合价：

合价 =9 270.71+5 406.34×（25.6%+15%）=11 465.68（元）

（8）综合单价：

综合单价 = 综合合价 ÷ 清单工程量 =11 465.68÷187.20=61.25（元 /m^2）

将以上结果填入表 4-2-1。

微课：措施项目计价应用

表 4-2-1 单价措施项目清单与计价表

序号	项目编码	项目名称	项目特征	计量单位	工程量	金额 / 元	
						综合单价	合价
1	011702002001	矩形柱混凝土模板及支撑	组合钢模板钢支撑	m^2	187.20	61.25	11 465.68

任务总结

（1）总价措施项目清单报价应注意计算基数和费率；

（2）单价措施项目清单的报价同分部分项工程量清单的报价，重点也是综合单价的确定；

（3）措施项目清单计价有定额分析法、系数分析法、方案分析法三种方法。

实践训练与评价

1. 实践训练

结合附录“1 号办公楼建筑及结构”施工图纸、招标人提供的措施项目工程量清单（表 4-2-2），确定双排外脚手架的综合单价与合价，并将计算结果填入表中。

实践训练答案—外脚手架

表 4-2-2 单价措施项目清单与计价表

序号	项目编码	项目名称 项目特征	计量单位	工程量	金额 / 元		
					综合单价	合价	其中 暂估价
1	011702002001	外脚手架 1. 搭设方式：双排 2. 搭设高度：15 m 内 3. 脚手架材质：钢管	m^2	1 749.77			

综合单价计算过程：

2．任务评价

本任务配分权重见表 4-2-3。

表 4-2-3　本任务配分权重表

任务内容		评价指标		配分	得分
单价措施项目清单报价（100%）	1	确定工作内容	双排外脚手架确定工作内容准确	20	
	2	工程量计算	双排外脚手架计价工程量计算准确	30	
	3	套取定额	双排外脚手架套取定额合理	20	
	4	综合单价计算	双排外脚手架综合单价计算流程准确、报价合理	20	
	5	工作态度	工作认真严谨，一丝不苟	10	

笔记

项目5 其他项目清单编制与计价

项目导读

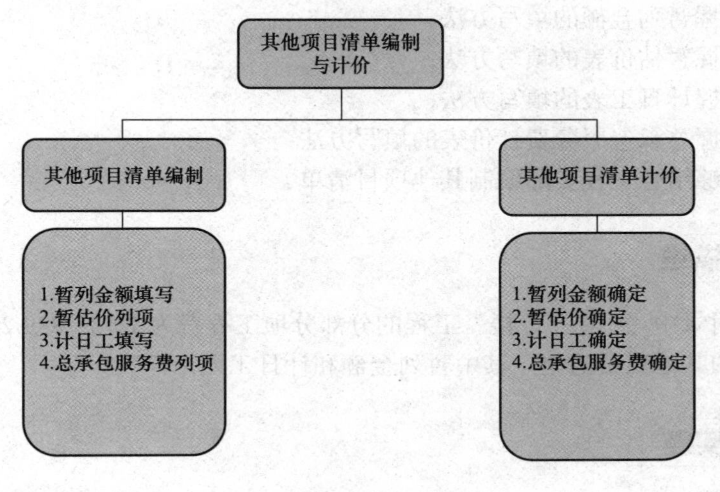

笔记

项目目标

	知识目标	能力目标
项目目标	1. 熟悉其他项目清单的内容； 2. 掌握暂列金额的填写方法； 3. 掌握暂估价表的填写方法； 4. 掌握计日工表的填写方法； 5. 掌握总承包服务费计价表的填写方法； 6. 掌握其他项目费的确定方法； 7. 掌握招标控制价中其他项目费的确定方法； 8. 掌握投标价中其他项目费的确定方法； 9. 掌握竣工结算中其他项目费的确定方法； 10. 掌握总承包服务费计价表的填写方法	1. 能够结合工程实际编制其他项目清单； 2. 能够结合工程实际确定招标控制价中的其他项目费； 3. 能够结合工程实际确定投标价中的其他项目费； 4. 能够结合工程实际确定竣工结算中的其他项目费； 5. 能够自觉遵守法律、法规以及技术标准规定； 6. 能够和同学及教学人员建立良好的合作关系

任务 5.1　其他项目清单编制

任务目标

1．熟悉其他项目清单的内容；
2．掌握暂列金额的填写方法；
3．掌握暂估价表的填写方法；
4．掌握计日工表的填写方法；
5．掌握总承包服务费计价表的填写方法；
6．能够结合工程实际编制其他项目清单。

任务描述

假设附录中“1 号办公楼”工程的分部分项工程费为 1 733 839.25 元。试编制该工程的其他项目清单，其中暂列金额和计日工列出详表。

任务实施

微课：其他项目清单编制

5.1.1　学习其他项目清单编制相关知识

1.“计价规范”相关规定

（1）其他项目清单应按照下列内容列项：

1）暂列金额；

2）暂估价：包括材料暂估单价、工程设备暂估单价、专业工程暂估价；

3）计日工；

4）总承包服务费。

（2）暂列金额应根据工程特点按有关计价规定估算。

（3）暂估价中的材料、工程设备暂估价应根据工程造价信息或参照市场价格估算，列出明细表；专业工程暂估价应分不同专业，按有关计价规定估算，列出明细表。

（4）计日工应列出项目名称、计量单位和暂估数量。

（5）总承包服务费应列出服务项目及其内容等。

（6）出现第（1）条未列的项目，应根据工程实际情况补充。

暂列金额是指招标人在工程量清单中暂定并包括在合同价款中的一笔款项。用于施工合同签订时尚未确定或者不可预见的所需材料、设备、服务的采购，施工中可能发生的工程变更、合同约定调整因素出现时的工程价款调整以及发生的索赔、现场签证确认等的费用。

暂估价是指招标人在工程量清单中提供的用于支付必然发生但暂时不能确定价格的材料的单价以及专业工程的金额。

计日工是指在施工过程中，完成发包人提出的施工图纸以外的零星项目或工作，按合同中约定的综合单价计价。

总承包服务费是指总承包人为配合协调发包人进行的工程分包自行采购的设备、材料等进行管理、服务以及施工现场管理、竣工资料汇总整理等服务所需的费用。

2．其他项目清单与计价表格

其他项目清单与计价表格见表 5-1-1 ～表 5-1-7。

表 5-1-1　其他项目清单与计价汇总表

工程名称：　　　　　　　　　　标段：　　　　　　　　　　第 页 共 页

序号	项目名称	计算单位	金额 / 元	结算金额 / 元	备注
1	暂列金额				明细详见表 5-1-2
2	暂估价				5-1-3
2.1	材料（工程设备）暂估价 / 结算价				明细详见表 5-1-3
2.2	专业工程暂估价 / 结算价				明细详见表 5-1-4
3	计工日				明细详见表 5-1-5
4	总承包服务费				明细详见表 5-1-6
5	索赔与现场签证				明细详见表 5-1-7
合计					
注：材料（工程设备）暂估单价计入清单项目综合单价，此处不汇总。					

表 5-1-2　暂列金额明细表

工程名称：　　　　　　　　　　标段：　　　　　　　　　　第 页 共 页

序号	项目名称	计算单位	暂定金额 / 元	备注
1				
2				
3				
4				
5				
6				
7				
8				

笔记

续表

序号	项目名称	计算单位	暂定金额 / 元	备注
合计				—
注：此表由招标人填写，如不能详列，也可只列暂定金额总额，投标人应将上述暂列金额计入投标总价。				

表 5-1-3　材料（工程设备）暂估单价表

工程名称：　　　　　　　　　　　　　标段：　　　　　　　　　　　　　第 页 共 页

序号	材料（工程设备）名称、规格、型号	计量单位	数量		暂估 / 元		确认 / 元		差额 ±/ 元		备注
			暂估	确认	单价	合价	单价	合价	单价	合价	
合计											
注：此表由招标人填写“暂估单价”，并在备注栏说明暂估价的材料、工程设备拟用在哪些清单项目上，投标人应将上述材料、工程设备暂估单价计入工程量清单综合单价报价中。											

笔记 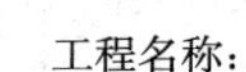

表 5-1-4　专业工程暂估价及结算价表

工程名称：　　　　　　　　　　　　　标段：　　　　　　　　　　　　　第 页 共 页

序号	工程名称	工程内容	暂估金额 / 元	结算金额 / 元	差额 ±/ 元	备注
合计						
注：此表“暂估金额”由招标人填写，投标人应将“暂估金额”计入投标总价。结算时按合同约定结算金额填写。						

表 5-1-5　计日工表

工程名称：　　　　　　　　　　　　　　　　　　　　　　　标段：　　　　第 页 共 页

编号	项目名称	单位	暂定数量	实际数量	综合单价 / 元	合价 / 元	
						暂定	实际
一	人工						
1							

续表

编号	项目名称	单位	暂定数量	实际数量	综合单价/元	合价/元	
						暂定	实际
2							
3							
4							
人工小计							
二	材料						
1							
2							
3							
4							
5							
6							
材料小计							
三	施工机械						
1							
2							
3							
4							
施工机械小计							
四、企业管理费和利润							
总计							
注：此表项目名称、暂定数量由招标人填写，编制招标控制价时，单价由招标人按有关计价规定确定；投标时，单价由投标人自主报价，按暂定数量计算合价计入投标总价。结算时，按发承包双方承认的实际数量计算合价。							

表 5-1-6　总承包服务费计价表

工程名称：　　　　　　　　　　　标段：　　　　　　　　　　第 页 共 页

序号	项目名称	项目价值/元	服务内容	计算基础	费率/%	金额/元
1	发包人发包专业工程					
2	发包人提供材料					
	合计	—	—		—	
注：此表项目名称、服务内容由招标人填写，编制招标控制价时，费率及金额由招标人按有关计价规定确定；投标时，费率及金额由投标人自主报价，计入投标总价中。						

笔记

表 5-1-7　索赔与现场签证计价汇总表

工程名称：　　　　　　　　　　　　　　　　　　　标段：　　　　　　　　　　　　　　　　第　页共　页

序号	签证及索赔项目名称	计量单位	数量	单价 / 元	合价 / 元	索赔及签证依据
—	本页小计	—	—	—		—
—	合计	—	—	—		—
注：签证及索赔依据是指经双方认可的签证单和索赔依据的编号。						

3．其他项目清单编制方法

（1）暂列金额。暂列金额主要是指考虑可能发生的工程量变化和费用增加而预留的金额。引起工程量变化和费用增加的原因很多，一般主要有以下几个方面：

1）清单编制人员错算、漏算引起的工程量增加；

2）设计深度不够、设计质量较低造成的设计变更引起的工程量增加；

3）在施工过程中应业主要求，经设计或监理工程师同意的工程变更增加的工程量；

4）其他原因引起的应由业主承担的增加费用，如风险费用和索赔费用。

暂列金额由招标人根据工程特点，按有关计价规定进行估算确定，一般可以按分部分项工程量清单费的 10% ～ 15% 做参考。

暂列金额作为工程造价的组成部分计入工程造价。但暂列金额必须根据发生的情况通过监理工程师批准方能使用，未使用部分归业主所有。

（2）暂估价。由招标人填写材料（工程设备）暂估单价表中的“暂估单价”，并在备注栏说明暂估价的材料、工程设备拟用在哪些清单项目上，投标人应将上述材料、工程设备暂估单价计入工程量清单综合单价报价。

（3）计日工。计日工表中项目名称、暂定数量由招标人填写，编制招标控制价时，单价由招标人按有关计价规定确定；投标时，单价由投标人自主报价，按暂定数量计算合价计入投标总价。结算时，按发承包双方承认的实际数量计算合价。

（4）总承包服务费。总承包服务费计价表由招标人填写项目名称、服务内容，编制招标控制价时，费率及金额由招标人按有关计价规定确定；投标时，费率及金额由投标人自主报价，计入投标总价。

5.1.2 其他项目清单编制

任务描述中其他项目清单的编制见表 5-1-8 ～表 5-1-10。

表 5-1-8 其他项目清单与计价汇总表

工程名称：1 号办公楼工程　　　　标段：　　　　第　页　共　页

序号	项目名称	计量单位	金额 / 元	结算金额 / 元	备注
1	暂列金额	项	200 000		明细详见表 5-1-9
2	暂估价	项			
3	计日工				明细详见表 5-1-10
4	总承包服务费				
合计					

表 5-1-9 暂列金额明细表

工程名称：1 号办公楼工程　　　　标段：　　　　第　页　共　页

序号	项目名称	计量单位	暂定金额 / 元	备注
1	工程量清单中工程量偏差和设计变更	项	150 000	
2	材料价格风险	项	50 000	
合计			200 000	

表 5-1-10 计日工表

工程名称：1 号办公楼工程　　　　标段：　　　　第　页　共　页

编号	项目名称	单位	暂定数量	实际数量	综合单价 / 元	合价	
						暂定	实际
一	人工						
	零星用工	工日	10				
人工小计							
二	材料						
材料小计							
三	施工机械						
施工机械小计							
总计							

笔记

任务总结

（1）其他项目清单包括暂列金额、暂估价、计日工、总承包服务费四部分内容；

（2）暂列金额由招标人根据工程特点，按有关计价规定进行估算确定，一般可以按分部分项工程量清单费的 10% ～ 15% 做参考；

（3）计日工表中项目名称、暂定数量由招标人填写；

（4）暂估单价表中的“暂估单价”由招标人填写。

实践训练与评价

实践训练答案—材料暂估单价表

1．实践训练

附录中“1 号办公楼”工程，假设钢筋为 107.526 t、C30 商品混凝土 80.96 m^3、花岗岩板 58.47 m^2，由招标人指定这几项材料的暂估价，试结合市场情况，以小组为单位，编制材料暂估单价表。

每个小组自行设计表格内容及形式，表格画在下面空白处。

笔记

2．任务评价

本任务配分权重见表 5-1-11。

表 5-1-11　本任务配分权重表

任务内容		评价指标	配分	得分
材料暂估单价表编制（100%）	1	材料名称、数量、单位准确	20	
	2	表格格式合理	20	
	3	市场调研充分、价格合理	20	
	4	暂估单价、合价准确	20	
	5	工作认真严谨，一丝不苟	10	
	6	团队成员互帮互助，配合默契	10	

任务 5.2　其他项目清单计价

任务目标

1．掌握其他项目费的确定方法；

2．掌握招标控制价中其他项目费的确定方法；

3．掌握投标价中其他项目费的确定方法；

4．掌握竣工结算中其他项目费的确定方法；

5．掌握总承包服务费计价表的填写方法；

6．能够结合工程实际确定其他项目费。

任务描述

根据附录中“1 号办公楼”工程和上节编制完成的其他项目清单与计价汇总表 5-1-8，完成其他项目费的填报。

任务实施

笔记

5.2.1　学习其他项目清单计价相关知识

1．其他项目费的确定方法

（1）暂列金额。为保证工程施工建设的顺利实施，应针对施工过程中可能出现的各种不确定因素对工程造价的影响，在招标控制价中估算一笔暂列金额。暂列金额可根据工程的复杂程度、设计深度、工程环境条件（包括地质、水文、气候条件等）进行估算。已签约合同价中的暂列金额应由发包人掌握使用。

（2）暂估价。暂估价根据发布的清单计算，不得更改。暂估价中的材料必须按照暂估价计入综合单价；专业工程暂估价必须按照其他项目清单列出的金额填写。

（3）计日工。计日工应按照其他项目清单列出的项目和估算的数量，自主确定各项综合单价并计算费用。

（4）总承包服务费。总承包服务费应该依据招标人在招标文件中列出的分包专业工程内容和提供材料、设备情况，按照招标人提出的协调、配合与服务要求和施工现场管理需要自主确定。

2．不同阶段其他项目费的计价

（1）招标控制价。

1）“计价规范”5.2.5 条文规定。

5.2.5 其他项目应按下列规定计价：

①暂列金额应按招标工程量清单中列出的金额填写；

②暂估价中的材料、工程设备单价应按招标工程量清单中列出的单价计入综合单价；

③暂估价中的专业工程金额应按招标工程量清单中列出的金额填写；

④计日工应按招标工程量清单中列出的项目根据工程特点和有关计价依据确定综合单价计算；

⑤总承包服务费应根据招标工程量清单列出的内容和要求估算。

2）要点说明。

①暂列金额。为保证工程施工建设的顺利实施，应对施工过程中可能出现的各种不确定因素对工程造价的影响，在招标控制价中需估算一笔暂列金额。暂列金额可根据工程的复杂程度、设计深度、工程环境条件（包括地质、水文、气候条件等）进行估算，一般可按分部分项工程费的10%～15%作为参考。

②暂估价包括材料暂估价和专业工程暂估价。编制招标控制价时：材料暂估单价应按工程造价管理机构发布的工程造价信息中的材料单价计算，工程造价信息未发布的材料单价，其单价参考市场价格估算。

（2）投标价。

“计价规范”6.2.5条文规定：

6.2.5 其他项目应按下列规定报价：

①暂列金额应按招标工程量清单中列出的金额填写；

②材料、工程设备暂估价应按招标工程量清单中列出的单价计入综合单价；

③专业工程暂估价应按招标工程量清单中列出的金额填写；

④计日工应按招标工程量清单中列出的项目和数量，自主确定综合单价并计算计日工金额；

⑤总承包服务费应根据招标工程量清单中列出的内容和提出的要求自主确定。

（3）竣工结算。

1）“计价规范”相关规定。

9.9.1 发包人在招标工程量清单中给定暂估价的材料、工程设备属于依法必须招标的，由发承包双方以招标的方式选择供应商，确定价格，并应以此为依据取代暂估价，调整合同价款。

9.9.2 发包人在招标工程量清单中给定暂估价的材料、工程设备不属于依法必须招标的，应由承包人按照合同约定采购，经发包人确认单价后取代暂估价，调整合同价款。

9.9.3 发包人在工程量清单中给定暂估价的专业工程不属于依法必须招标的，应按照“计价规范”第9.3节相应条款的规定确定专业工程价款。并应以此为依据取代专业工程暂估价，调整合同价款。

9.9.4 发包人在招标工程量清单中给定暂估价的专业工程，依法必须招标的，应当由发承包双方组织招标选择专业分包人，并接受有管辖权的建设工程招标投标管理机构的监督，还应符合下列要求：

①除合同另有约定外，承包人不参加投标的专业工程发包招标，应由承包人作为招标人，但拟订的招标文件、评标工作、评标结果应报送发包人批准。与组织招标工作有关的费用应当被认为已经包括在承包人的签约合同价（投标总报价）中。

②承包人参加投标的专业工程发包招标，应由发包人作为招标人，与组织招标工作有关的费用由发包人承担。同等条件下，应优先选择承包人中标。

③应以专业工程发包中标价为依据取代专业工程暂估价，调整合同价款。

9.15.1 已签约合同价中的暂列金额由发包人掌握使用。

9.15.2 发包人按照“计价规范”第 9.1 节～第 9.14 节的规定所做支付后，暂列金额余额应归发包人所有。

2）要点说明。其他项目费应按下列规定计算：

①计日工应按发包人实际确认的事项计算；

②暂估价中的材料单价应按发、承包双方最终确认价在综合单价中调整；专业工程暂估价应按中标价或发包人、承包人与分包人最终确认价计算；

③总承包服务费应根据合同约定金额计算，如发生调整的，以发、承包双方确认调整的金额计算；

④索赔费用应依据发、承包双方确认的索赔事项和金额计算；暂列金额应减去工程价款调整与索赔、现场签证金额计算，如有余额归还发包人。

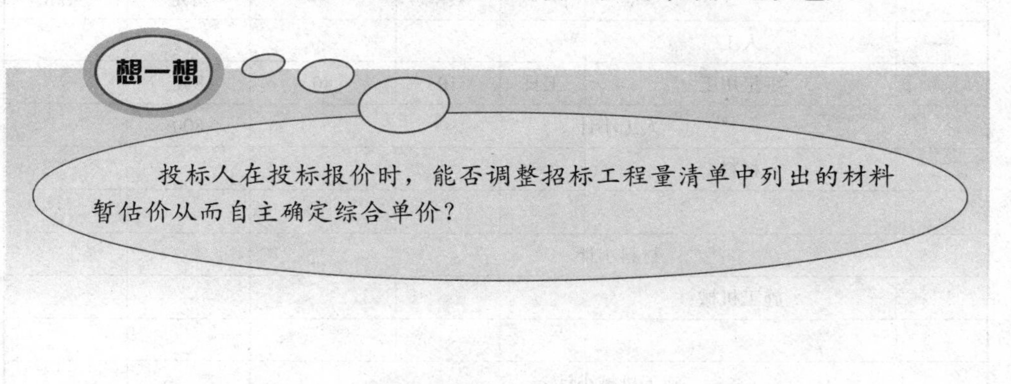

笔记

5.2.2 投标人确定其他项目费

（1）根据计价规范规定：

1）暂列金额应按招标工程量清单中列出的金额填写；

2）计日工应按招标工程量清单中列出的项目和数量，自主确定综合单价并计算计日工金额。

（2）任务描述中其他项目费见表 5-2-1 ～表 5-2-3。

表 5-2-1 其他项目清单与计价汇总表

工程名称：1 号办公楼工程　　　　标段：　　　　第　页　共　页

序号	项目名称	计量单位	金额 / 元	结算金额 / 元	备注
1	暂列金额	项	200 000		明细详见表 5-2-2

续表

序号	项目名称	计量单位	金额 / 元	结算金额 / 元	备注
2	暂估价	项			
3	计日工	元	800		明细详见表 5-2-3
4	总承包服务费				
合计			200 800		

表 5-2-2　暂列金额明细表

工程名称：1 号办公楼工程　　标段：　　第　页　共　页

序号	项目名称	计量单位	暂定金额 / 元	备注
1	工程量清单中工程量偏差和设计变更	项	150 000	
2	材料价格风险	项	50 000	
合计			200 000	

表 5-2-3　计日工表

工程名称：1 号办公楼工程　　标段：　　第　页　共　页

编号	项目名称	单位	暂定数量	综合单价 / 元	合价	
					暂定	实际
一	人工					
	零星用工	工日	10	80	800	
人工小计					800	
二	材料					
材料小计						
三	施工机械					
施工机械小计						
总　计					800	

任务总结

（1）投标价中其他项目应按下列规定报价：

1）暂列金额应按招标工程量清单中列出的金额填写；

2）材料、工程设备暂估价应按招标工程量清单中列出的单价计入综合单价；

3）专业工程暂估价应按招标工程量清单中列出的金额填写；

4）计日工应按招标工程量清单中列出的项目和数量，自主确定综合单价并计算计日工金额；

5）总承包服务费应根据招标工程量清单中列出的内容和提出的要求自主确定。

（2）竣工结算中计日工应按发包人实际确认的事项计算。

实践训练与评价

1．实践训练

附录“1 号办公楼”工程中，招标人编制的石材楼地面分部分项工程量清单见表 5-2-4，花岗岩板由招标人指定暂估价为 120 元 /m^2（不含税），以小组为单位，试确定花岗岩楼地面的综合单价和合价。

实践训练答案——花岗岩楼地面

表 5-2-4　分部分项工程量清单与计价表

项目编码	项目名称	项目特征	计量单位	工程量	金额 / 元	
					综合单价	合价
011102001001	石材楼地面	1. 面层形式、材料种类、规格：花岗石 不分色； 2. 结合层材料种类：30 mm 厚 1 ：3 干硬性水泥砂浆粘结层，素水泥浆一道 3. 垫层种类、厚度：50 mm 厚 C15 混凝土	m^2	40.54		

综合单价确定过程：

2．任务评价

本任务配分权重见表 5-2-5。

表 5-2-5　本任务配分权重表

任务内容		评价指标	配分	得分
分部分项工程量清单报价（100%）	1	确定工程内容准确	15	
	2	花岗岩楼地面计价工程量计算准确	30	
	3	套取定额合理	15	
	4	综合单价计算流程准确、报价合理	20	
	5	工作认真严谨，一丝不苟	10	
	6	团队成员互帮互助，配合默契	10	

项目 6　规费、税金项目清单编制与计价

项目导读

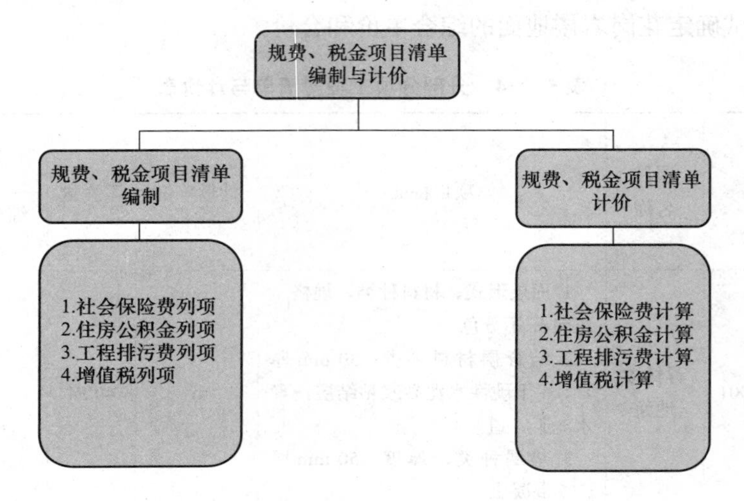

项目目标

	知识目标	能力目标
项目目标	1．熟悉规费的概念； 2．掌握规费项目清单的编制方法； 3．熟悉税金的概念； 4．掌握税金项目清单的编制方法； 5．熟悉计价规费相关条文规定； 6．掌握规费的计算方法； 7．掌握税金的计算方法	1．能够结合工程实际编制规费项目清单； 2．能够结合工程实际编制税金项目清单； 3．能够结合工程实际计算规费； 4．能够结合工程实际计算税金； 5．能够自觉遵守法律、法规以及技术标准规定； 6．能够和同学及教学人员建立良好的合作关系

任务 6.1　规费、税金项目清单编制

任务目标

1．熟悉规费的概念；

2．掌握规费项目清单的编制方法；

3．熟悉税金的概念；

4．掌握税金项目清单的编制方法；

5．能够结合工程实际编制规费项目清单；

6．能够结合工程实际编制税金项目清单。

任务描述

编制附录中“1号办公楼”工程的规费、税金项目清单，填写规费、税金项目清单与计价表。

任务实施

6.1.1　学习规费、税金项目清单编制相关知识

1．规费

（1）规费的概念。规费是指根据国家法律、法规规定，由省级政府或省级有关权力部门规定施工企业必须缴纳的，应计入建筑安装工程造价的费用。

（2）规费项目清单编制内容。规费项目清单应按照下列内容列项：

1）社会保险费：包括养老保险费、失业保险费、医疗保险费、工伤保险费、生育保险费。

2）住房公积金。住房公积金是指企业按规定标准为职工缴纳的住房公积金。

3）工程排污费。工程排污费是指按规定缴纳的施工现场的排污费。

2．税金

（1）税金的概念。税金是指国家税法规定的应计入建筑安装工程造价内的增值税。其中甲供材料、甲供设备不作为增值税计税基础。

（2）税金项目清单编制内容。税金项目清单应包括下列内容：

1）增值税；

2）城市维护建设税；

3）教育费附加；

4）地方教育附加。

3．规费、税金项目清单与计价表格

规费、税金项目清单与计价表格见表6-1-1。

表6-1-1　规费、税金项目清单与计价表

工程名称：　　　　　　　　　　　　　　　标段：　　　　　　　　　　　　　　　第　页　共　页

序号	项目名称	计算基础	计算基数	计算费率 /%	金额 / 元
1	规费	定额人工费			
1.1	社会保险费	定额人工费			
（1）	养老保险费	定额人工费			
（2）	失业保险费	定额人工费			

笔记

续表

序号	项目名称	计算基础	计算基数	计算费率 /%	金额 / 元
(3)	医疗保险费	定额人工费			
(4)	工伤保险费	定额人工费			
(5)	生育保险费	定额人工费			
1.2	住房公积金	定额人工费			
1.3	工程排污费	按工程所在地环境保护部门收取标准，按实计入			
2	税金	分部分项工程费 + 措施项目费 + 其他项目费 + 规费 – 按规定不计税的工程设备金额			
合计					

6.1.2 规费、税金项目清单编制

任务描述中规费、税金项目清单编制见表 6–1–2。

表 6–1–2 规费、税金项目清单与计价表

工程名称：1 号办公楼工程　　　　标段：　　　　第　页　共　页

序号	项目名称	计算基础	计算基数	计算费率 /%	金额 / 元
1	规费	1.1+1.2+1.3+1.4+1.5			
1.1	安全文明施工费	1.1.1+1.1.2+1.1.3+1.1.4			
1.1.1	环境保护费	分部分项工程费 + 措施项目费 + 其他项目费			
1.1.2	文明施工费	分部分项工程费 + 措施项目费 + 其他项目费			
1.1.3	临时设施费	分部分项工程费 + 措施项目费 + 其他项目费			
1.1.4	安全施工费	分部分项工程费 + 措施项目费 + 其他项目费			
1.2	工程排污费	按工程所在地环境保护部门收取标准，按实计入			
1.3	社会保险费	分部分项工程费 + 措施项目费 + 其他项目费			
1.4	住房公积金	分部分项工程费 + 措施项目费 + 其他项目费			
1.5	工伤保险	分部分项工程费 + 措施项目费 + 其他项目费			
2	税金	分部分项工程费 + 措施项目费 + 其他项目费 + 规费 – 按规定不计税的甲供材料、设备金额			
合计					

笔记

任务总结

（1）规费项目清单包括社会保障费、住房公积金、工程排污费等内容；

（2）税金是指国家税法规定的应计入建筑安装工程造价内的增值税。其中甲供材料、甲供设备不作为增值税计税基础。

实践训练与评价

1. 实践训练

根据本节所学知识，编制龙门客栈工程项目的规费、税金项目清单，以小组为单位，完成规费、税金项目清单与计价表的填写。表格自行设计，填在下面空白处：

实践训练答案——规费、税金项目清单

2. 任务评价

本任务配分权重见表 6-1-3。

表 6-1-3　本任务配分权重表

任务内容		评价指标	配分	得分
规费、税金项目清单编制（100%）	1	规费内容准确全面	30	
	2	税金项目准确	30	
	3	表格形式合理	20	
	4	工作认真严谨，一丝不苟	10	
	5	团队成员互帮互助，配合默契	10	

笔记

任务 6.2　规费、税金项目清单计价

任务目标

1．熟悉计价规费相关条文规定；

2．掌握规费的计算方法；

3．掌握税金的计算方法；

4．能够结合工程实际计算规费；

5．能够结合工程实际计算税金。

任务描述

附录中“1 号办公楼”工程的分部分项工程费为 1 733 839.25 元，措施项目费为 134 770.8 元，其他项目费为 200 800 元，试按山东省有关规定，计算该工程的规费、税金。

任务实施

图文：增值税

6.2.1 学习规费、税金项目清单计价相关知识

1．规费的计算方法

规费可以按“人工费”或“人工费 + 机械费”作为基数计算。投标人在投标报价是必须按照国家或省级、行业建设主管部门的规定计算规费。规费的计算公式为

规费 = 计算基数 × 对应费率

2．税金的计算方法

税金是指国家税法规定的应计入建筑安装工程造价内的增值税。投标人在投标报价时必须按照国家或省级、行业建设主管部门的规定计算税金。税金的计算公式为

税金 =（分部分项工程费 + 措施项目费 + 其他项目费 + 规费）× 税率

3．“计价规范”相关条文规定

（1）税金项目清单应包括下列内容：

1）增值税；

2）城市维护建设税；

3）教育费附加。

（2）出现“计价规范”4.6.1 条未列的项目，应根据税务部门的规定列项。

（3）规费和税金应按国家或省级、行业建设主管部门的规定计算，不得作为竞争性费用。

4．要点说明

规费和税金应按国家或省级、行业建设主管部门的规定计算，不得作为竞争性费用。

规费是政府和有关权力部门规定必须缴纳的费用。税金是国家按照税法预先规定的标准，强制地、无偿地要求纳税人缴纳的费用。它们都是工程造价的组成部分，但是其费用内容和计取标准都不是发、承包人能自主确定的，更不是由市场竞争决定的。

规费、税金项目清单与计价表格见表 6-1-1。

6.2.2 确定规费和税金

任务描述中规费和税金的确定见表 6-2-1。

表 6-2-1　规费、税金项目计价表

工程名称：1 号办公楼工程　　　　　　标段：　　　　　　　　　　第 1 页 共 1 页

序号	项目名称	计算基础	计算基数	费率 /%	金额 / 元
1	规费				134 511.65
1.1	安全文明施工费				64 565.59
1.1.1	环境保护费	分部分项工程费合计 + 措施项目费 + 其他项目费		0.11	2 276.35
1.1.2	文明施工费	分部分项工程费合计 + 措施项目费 + 其他项目费		0.29	6 001.29
1.1.3	临时设施费	分部分项工程费合计 + 措施项目费 + 其他项目费		0.72	14 899.75
1.1.4	安全施工费	分部分项工程费合计 + 措施项目费 + 其他项目费		2	41 388.2
1.2	工程排污费	分部分项工程费合计 + 措施项目费 + 其他项目费		0.2	4 138.82
1.3	社会保障费	分部分项工程费合计 + 措施项目费 + 其他项目费		2.6	53 804.66
1.4	住房公积金	分部分项工程费合计 + 措施项目费 + 其他项目费		0.48	9 933.17
1.5	危险作业意外伤害保险	分部分项工程费合计 + 措施项目费 + 其他项目费		0.1	2 069.41
2	税金	分部分项工程费合计 + 措施项目费 + 其他项目费 + 规费		9	198 352.97
合计					332 864.62

笔记

任务总结

（1）规费的计算公式：规费 = 计算基数 × 对应费率；

（2）税金 =（分部分项工程费 + 措施项目费 + 其他项目费 + 规费）× 税率；

（3）规费和税金应按国家或省级、行业建设主管部门的规定计算，不得作为竞争性费用。

实践训练与评价

1．实践训练

某建筑工程项目，其分部分项工程费为185 4868.97元，措施项目费为145 760.23元，其他项目费为200 900元，试按山东省有关规定，计算该工程的规费、税金。

实践训练答案—规费、税金计算

2．任务评价

本任务配分权重见表6-2-2。

表6-2-2　本任务配分权重表

任务内容		评价指标	配分	得分
规费、税金计算（100%）	1	规费内容、费率准确，计算结果准确	30	
	2	税率准确、税金计算结果准确	30	
	3	表格设计合理、取费程序合理	20	
	4	工作认真严谨，一丝不苟	10	
	5	团队成员互帮互助，配合默契	10	

附录1　1号办公楼工程施工图纸

扫描二维码，获取1号办公楼施工图纸。

1号办公楼工程图纸

参考文献

[1] 中华人民共和国住房和城乡建设部，中华人民共和国国家质量监督检验检疫总局. GB 50500—2013 建设工程工程量清单计价规范 [S]. 北京：中国计划出版社，2013.

[2] 中华人民共和国住房和城乡建设部. GB 50854-2013 房屋建筑与装饰工程工程量计算规范 [S]. 北京：中国计划出版社，2013.

[3] 袁建新. 工程量清单计价 [M]. 北京：中国建筑工业出版社，2013.

[4] 山东省住房和城乡建设厅. SD 01-31-2016 山东省建筑工程消耗量定额 [S]. 北京：中国建筑工业出版社，2016.

[5] 山东省工程建设标准定额站. 山东省建筑工程价目表 [S]. 北京：中国建筑工业出版社，2017.

[6] 中华人民共和国住房和城乡建设部. 16G101-1 混凝土结构施工图平面整体表示方法制图规则和构造详图（现浇混凝土板式楼梯）[S]. 北京：中国计划出版社，2016.

[7] 中华人民共和国住房和城乡建设部. 16G101-2 混凝土结构施工图平面整体表示方法制图规则和构造详图（现浇混凝土框架、剪力墙、梁板）[S]. 北京：中国计划出版社，2016.

[8] 中华人民共和国住房和城乡建设部. 16G101-3 混凝土结构施工图平面整体表示方法制图规则和构造详图（独立基础、条形基础、筏形基础、柱基础）[S]. 北京：中国计划出版社，2016.

[9] 规范编制组. 2013 建设工程计价计量规范辅导 [M]. 北京：中国计划出版社，2013.

[10] 山东省工程建设标准定额站. 山东省建设工程工程量清单计价办法 [S]. 山东：山东省工程建设标准定额站，2004.